Oswald Lohse

Planetographie

Eine Beschreibung der im Bereiche der Sonne zu

beobachtenden Körper

Literaricon

Oswald Lohse

Planetographie

Eine Beschreibung der im Bereiche der Sonne zu beobachtenden Körper ISBN/

EAN: 9783959130660

Auflage: 1

Erscheinungsjahr: 2015

Erscheinungsort: Treuchtlingen, Deutschland

Literaricon Verlag Inhaber Roswitha Werdin, Uhlbergstr. 18, 91757 Treuchtlingen

www.literaricon.de

Dieser Titel ist ein Nachdruck eines historischen Buches. Es musste auf alte Vorlagen zurückgegriffen werden; hieraus zwangsläufig resultierende Qualitätsver luste bitten wir zu entschuldigen.

Literaricon

Planetographie.

Eine Beschreibung der im Bereiche der Sonne zu beobachtenden Körper.

Von

O. Lohse.

Mit 15 in den Text gedruckten Abbildungen.

Leipzig

Verlagsbuchhandlung von J. J. Weber

1894.

Vorwort.

Ein Buch über Astronomie, welches für weitere Kreise bestimmt ist, soll dergestalt verfasst sein, dass möglichst wenig Vorkenntnisse vorausgesetzt werden, ohne dass der Text durch weitschweifende Erläuterungen zu sehr beschwert erscheint. Es ist nicht ganz einfach unter diesen Bedingungen zu schreiben. Das Interesse an astronomischen Studien wächst in dem Masse, als die mathematische Denkungsweise sich vervollkommnet. Jemand einen Einblick in die interessantesten Gebiete der astronomischen Wissenschaft zu gewähren, hält daher ziemlich schwer, wenn die geeignetste Sprache, in welche sich der Forscher hineingelebt hat, nicht angewandt werden darf, weil sie dem Anderen fremd ist. Manche Astronomen sind aus diesem Grunde allen gemeinverständlichen Schriften über Astronomie abhold, indess wird dieser Standpunkt als ein zu abgeschlossener erscheinen. Das Verlangen nach astronomischen Nachrichten ist im Allgemeinen ein sehr reges und lohnt es der Mühe sie weiteren Kreisen zugänglich zu machen; es kommt dies auf die Verbreitung wichtiger Wahrheiten hinaus, an denen Viele ein geistiges Interesse haben.

Von diesem Standpunkte aus habe ich es unternommen über Einiges zu berichten, was sich auf die Beobachtung der im Anziehungsbereiche der Sonne befindlichen Körper bezieht. Es wurde hierbei von der üblichen Anordnung des Stoffes abgewichen, die sich dergestalt auf die Abstände der einzelnen Planeten von der Sonne stützt, dass die der Sonne zunächst circulirenden Körper zuerst an die Reihe kommen. Der Bericht hätte sonst mit Mercur beginnen müssen, von dem wir streng genommen wenig wissen. Es erschien mir rathsamer denjenigen Planeten voranzustellen, der nächst der Sonne das grösste Gewicht besitzt, und entschied ich mich daher für eine Anordnung nach der Masse. Dadurch entstand noch der Vortheil, dass mit dem Planeten Jupiter zu beginnen war, dessen Beobachtung eine sehr vielseitige und erfolgreiche ist, sodass gleich am Anfange des Buches Vieles mitgetheilt werden konnte, was später Geltung behielt und nicht wiederholt zu werden brauchte *).

Der Inhalt des Buches sollte sich auf eine Beschreibung der physikalischen Zustände der Planeten beschränken, indess war dies nicht streng durchzuführen, da einige Körper eine erfolgreiche Beobachtung in dieser Richtung nicht zulassen. In solchen Fällen sind Errungenschaften der älteren Astronomie ausführlicher

---

*) Zur Orientirung über die Abstände der Planeten von der Sonne genügt ein Blick auf die Tafel Seite 183.

dargelegt worden. Trennen lässt sich ohnehin die Astronomie nicht von der neueren Astrophysik; die Mechanik des Himmels ist eigentlich nur ein specieller, wenn auch bevorzugter Theil der Physik.

O. Lohse.

Inhaltsverzeichnis.

Planetographie.

Beobachtung der Planeten.

Im Gesammtgebiete der Astronomie bildet die Beobachtung der auf den Planeten herrschenden physikalischen Zustände ein besonderes Bereich, welches sich zur Astronomie ungefähr so verhält, wie die beschreibenden Naturwissenschaften zu den exacten, obgleich auch hier die Grenzen nicht scharf bestimmt werden können und viele Übergangspunkte vorhanden sind.

In dem unermesslichen Weltall geben uns nur die einzelnen Körper des Sonnensystems, insbesondere die Planeten durch ihre verhältnissmässig grosse Nähe Gelegenheit, Beobachtungen über Gestalt, Axenlage, Oberflächenbeschaffenheit, atmosphärische Verhältnisse u. s. w. anzustellen, während die aller Wahrscheinlichkeit nach vorhandenen dunklen Begleiter der anderen Sonnen, von denen es im Weltenraume Millionen giebt, eine derartige Beobachtung wegen zu grosser Entfernung nicht zulassen.

Wir müssen uns darüber klar werden, dass nur die Ätherschwingungen, also vornehmlich das Licht und in einigen wenigen Fällen die Wärme, eine Untersuchung entfernter Himmelskörper vermitteln. Die Stärke dieser Kraftäusserungen nimmt aber bekanntlich mit dem Quadrate der Entfernung ab, es kann daher nicht Wunder nehmen, wenn die Lichtmengen, welche ferne planetarische Körper, die nicht selbst leuchten, sondern nur durch die zugehörige Sonne beleuchtet sind, aussenden, von dem bewaffneten Auge nicht mehr wahrgenommen werden können. Es würde dies auch dann gelten, wenn die Entfernung eines extrasolaren Körpers von seinem Centralgestirn gross genug wäre, um bei der enormen Entfernung noch getrennt zu erscheinen. Aber wir besitzen in unserem Sonnensystem planetarische Körper genug, die sehr verschiedene Entwickelungsstadien und höchst interessante Formen zeigen, auch nur einige Millionen Meilen Entfernung haben, in welcher das von der Sonne geliehene Licht in den meisten Fällen noch intensiv genug ist, um ein erfolgreiches Studium zu vermitteln.

Hauptsächlich deshalb, weil die Erforschung der Planeten einen Rückschluss auf die Begleiter anderer Sonnen zu machen gestattet, und dadurch unsere Vorstellungen über den Bau des Weltalls erweitert werden, ist die Beobachtung dieser Körper wichtig.

In der Vergangenheit ist diesem Umstande nicht genügend Rechnung getragen worden, denn es existiren selbst noch für den grössten Theil des 19. Jahrhunderts, in dem die Beobachtungsmittel so wesentlich vervollkommnet wurden, grosse Lücken in der betreffenden Literatur. Einestheils liegt dies daran, dass die staatlich begründeten und dotirten Sternwarten mit anderen Arbeiten reich versehen sind, was bei der unendlichen Fülle der dargebotenen Naturerscheinungen nicht überraschen kann.

Andererntheils fehlen aber auch die nothwendigen optischen Mittel, denn es muss betont werden, dass immerhin schon grosse Fernrohre und reiche Ausrüstungen dazu gehören, um Planeten in physikalischer Hinsicht mit Erfolg beobachten zu können. Es wird hier ein reiches Feld für private Unternehmungen geboten und in der That ist früher und auch in der Jetztzeit mancher Beitrag zur Astronomie von privaten Observatorien ausgegangen, aber man möchte wünschen, dass in dieser Richtung beträchtlich mehr unternommen würde. Es ist Thatsache, dass generöse Männer der Gegenwart von ähnlichen Betrachtungen zur Ausführung geschritten sind, besonders in Amerika, wo Stiftungen zu wissenschaftlichen Zwecken überhaupt häufiger vorkommen.

Die grossartige Lick-Sternwarte auf dem Mount Hamilton in Californien ist vor nicht allzulanger Zeit erst vollendet worden, und bereits wird ein ähnliches Unternehmen in Chicago geplant, über das folgendes berichtet wird: „Durch die Freigebigkeit des Herrn Ch. T. Yerkes soll die Universität Chicago ein astronomisches Observatorium erster Klasse erhalten. Es ist ausdrücklicher Wunsch, dass das neue Observatorium in jeglicher Hinsicht den herrschenden Ansichten über Vollkommenheit entspricht. Bis jetzt ist der geplanten Ausgabe keine bestimmte Grenze gesetzt worden, indess die Generosität des Stifters wird durch den Wunsch gekennzeichnet, dass das vollendete Observatorium keinem anderen nachstehen soll. Die Gläser des grössten Fernrohrs werden einen Durchmesser von 40—45 Zoll haben, sodass der 36zöllige Refractor der Lick-Sternwarte übertroffen wird“.

An einer andern Stelle sagt der Bericht: „Die übrige Ausrüstung des Observatoriums ist noch nicht bestimmt, aber sie wird wahrscheinlich aus einem 16zölligen Refractor, einem 12zölligen Doppelfernrohr für photographische Zwecke, einem 6zölligen Meridiankreis und 20zölligen Siderostaten*) bestehen“.

Private Unternehmungen in so grossartigem Massstabe verfehlen nicht ihre Rückwirkung auf die Verwaltung anderer Sternwarten auszuüben, die, wenn sie nicht zurückbleiben wollen, auch grössere Anstrengungen machen müssen. Der Drang nach Vergrösserung der Instrumente hat sich in der Astronomie von jeher geltend gemacht und ist auch so lange berechtigt, als das grösste existierende Fernrohr noch immer die Wissenschaft mit neuen Entdeckungen bereichert hat. Es sei hier nur an die Auffindung der beiden Marsmonde mit Hülfe des seiner Zeit grössten 26zölligen Refractors der Sternwarte zu Washington erinnert.

Nach vorstehenden einleitenden Betrachtungen mögen nun eingehendere Angaben über die Hülfsmittel und Einrichtungen hier Platz finden, die für ein erfolgreiches Studium der Planeten erforderlich sind.

Bei der Wahl eines geeigneten Fernrohrs ist darauf zu achten, dass die zu verwendenden Gläser, insonderheit das die Lichtstrahlen sammelnde Objectiv, aus der Werkstatt eines anerkannten Künstlers hervorgegangen sind. Wenige haben eine Vorstellung davon, wie schwierig es ist, ein astronomisches Fernrohrobjectiv herzustellen, welches

*) Ein grosser mit Uhrwerk versehener Spiegel, welcher das Licht eines Sterns, trotz der Axendrehung der Erde, immer nach derselben Richtung wirft.

die Strahlen eines Lichtpunktes, z. B. eines Fixsterns, mathematisch genau in einem Punkte wiederzuvereinigen vermag. Die in der Beschaffenheit der Glasarten begründeten Schwierigkeiten haben schon die anstrengendste Thätigkeit der erleuchtetsten mathematischen Denker sowohl, als die ganze Geschicklichkeit der ausübenden Künstler herausgefordert, ohne dass es bisher gelungen wäre, das erstrebte Ziel ganz zu erreichen. Bei der grossen Wichtigkeit, welche das Fernrohr für die Erschliessung des Weltgebäudes hat, dürfte es von Interesse sein, bei diesem Gegenstande etwas länger zu verweilen. Es ist wohl allgemein bekannt, dass ein Glaskörper von der Form einer Linse das Licht sammelt und in dem Falle, dass es parallel auffällt, in einem Punkte, dem Brennpunkte, vereinigt. Dies ist aber nicht buchstäblich zu verstehen, sondern es ist nur richtig für einfarbiges Licht, welches die mittleren (centralen) Theile der Linse durchdringt. Es entstehen Abweichungen, wenn ein Gemisch verschiedenfarbigen, also z. B. weissen Lichts auf die gesammte Fläche der Linse auffällt. Diese Abweichungen beruhen einestheils in der Verschiedenheit der Ablenkung, welche Lichtstrahlen von verschiedener Wellenlänge (farbige) in der Masse des Glases erleiden, anderntheils in der Kugelgestalt der die Glaslinse begrenzenden Flächen. Man kennt dementsprechend eine chromatische und eine sphärische Abweichung, welche beide bewirken, dass ein punktartiges weisses Object sich nicht wieder punktartig abbildet, sondern eine bunte Fläche darstellt. Diese Abweichungen lassen sich durch Verbindung zweier Linsen aus verschiedenem Glase (Crown- und Flintglas) ganz wesentlich reduciren und besitzen wir seit Erfindung dieser Methode das achromatische Fernrohrobjectiv, dessen Construction durch Fraunhofer ganz ausserordentlich vervollkommnet wurde. Er entdeckte in der nach Wellenlängen aufsteigenden Farbenscala des Sonnenlichtes, dem Spectrum, zahlreiche scharf begrenzte Linien, die ihren Ort nicht veränderten und geeignet waren, die optischen Eigenschaften der für ein Fernrohr zu verwendenden Gläser genauer zu bestimmen, als dies bisher möglich war*). Es war dadurch ein Fundament gegeben, auf dem die mühevolle Berechnung der Linsenkrümmungen aufgebaut werden konnte.

Die Verringerung der chromatischen und sphärischen Abweichung wird dadurch erreicht, dass das schwerere, bleihaltige Flintglas die Lichtstrahlen stärker ablenkt, als das leichtere Crownglas. Diese Ablenkung oder Brechung ist für jede Glasart verschieden, in jedem einzelnen Falle aber wird die Brechung von Roth über Gelb, Grün, Blau nach Violett hin allmählich stärker, ganz entsprechend der Abnahme der Wellenlängen, es ist daher üblich, die violetten oder ultravioletten Lichtstrahlen das brechbarere Ende des Spectrums zu nennen.

Die Theorie beansprucht nun, dass die für ein achromatisches Fernrohrobjectiv zu verwendenden Glassorten so beschaffen sind, dass die Änderung der Brechungsindices von Farbe zu Farbe, die Zerstreuung genannt, bei beiden Gläsern immer in demselben Verhältniss bleibt, nur dann ist es möglich, die Bilder eines Fernrohrs ganz

*) J. Fraunhofer, „Bestimmung des Brechungs- und Farbenzerstreuungsvermögens verschiedener Glasarten, in Bezug auf die Vervollkommnung achromatischer Fernröhre". Denkschriften der königl. Akademie der Wissenschaften zu München, Band V, 1817.

ohne Farbensäume zu erhalten. Zu Fraunhofers Zeiten und auch noch bis vor kurzem waren aber derartige Gläser nicht bekannt, sie sind erst in neuerer Zeit in dem berühmten glastechnischen Laboratorium in Jena geschmolzen worden und auch noch nicht mit vollem Erfolge, da es nicht gelungen ist, sie spannungsfrei und haltbar herzustellen.

Alle gegenwärtig in Gebrauch befindlichen Fernrohrobjective sind nicht vollkommen achromatisch, sondern bieten nur eine grössere oder geringere Annäherung an diesen idealen Zustand dar, die Construction derselben ist aber durch Vereinigung von Theorie und Praxis bis zu den erreichbaren Grenzen getrieben worden und es sind viele und schöne Entdeckungen damit bewirkt worden. Verfasser würde daher wohl kaum in diesem Buche Gelegenheit genommen haben auf diesen Umstand so speciell einzugehen, wenn sich nicht gezeigt hätte, dass gerade bei der Beobachtung von Planeten die Fernrohre Verschiedenheiten zeigen, die in dem Verfahren begründet sind, welches zur Aufhebung der chromatischen Aberration eingeschlagen wurde, oder die durch ein Zurückbleiben der technischen Ausführung gegen die theoretisch geforderte Genauigkeit zufällig entstanden. Als Beispiel wollen wir hier die Untersuchungen des Planeten Mars durch Schiaparelli in Mailand anführen. Gegenüber unserer früheren Kenntniss der Oberfläche dieses Planeten haben die Wahrnehmungen des genannten Gelehrten eine so erstaunliche Fülle von Einzelheiten zu Tage gefördert, dass selbst in Fachkreisen lange Zeit über die Realität der beobachteten Gebilde Zweifel bestanden haben, umsomehr als es selbst bei Verwendung viel mächtigerer optischer Mittel anfänglich nicht gelang, diese Beobachtungen zu bestätigen.

Das von Schiaparelli zu seinen epochemachenden Marsbeobachtungen angewandte Fernrohr von Merz in München hat eine freie Öffnung von nur 8 Zoll, ist also nach den heutigen Begriffen ein verhältnissmässig kleines Instrument. Wenn nun auch zugegeben werden muss, dass in Mailand, also in der durch die Alpen geschützten lombardischen Ebene die atmosphärischen Zustände astronomischen Beobachtungen sehr günstig sein mögen, so kann dies doch nicht allein die auffallende Steigerung in der Wahrnehmung so ausserordentlich feiner Einzelheiten der Marsoberfläche erklären, und man ist genöthigt, im Instrumente den Grund zu suchen. Verfasser hat in dieser Richtung von dem Astronomen der Mailänder Sternwarte selbst die Aufklärung erhalten. Schiaparelli fand nämlich, dass die Achromasie seines Instrumentes von ganz besonderer Art war. Es zeigte sich, dass die rothen und gelben Strahlen sehr gut vereinigt werden, während die blauen und violetten abirren. Nun wissen wir aber, dass Mars hauptsächlich rothes Licht zurückstrahlt, während die blauen Sonnenstrahlen von seiner Atmosphäre ebenso wie von der irdischen stark verschluckt werden. Das Mailänder Fernrohr-Objectiv ist also gewissermassen den Beobachtungen des Mars angepasst, wenn auch unabsichtlich. Es muss daher als ein besonderer Glücksumstand angesehen werden, dass Schiaparelli von den Planeten zuerst gerade Mars zur Untersuchung wählte.

Es ist aus dem Vorherigen zu folgern, dass es bei Objecten von ausgesprochener Färbung, also solchen, bei denen gewisse Strahlengattungen im Spectrum vorwiegen, von hohem Gewinn sein kann, die Achromasie des Fernrohrs dementsprechend einzurichten, ganz in derselben Weise, wie man die photographischen Objective der Farbenempfindlichkeit der chemischen Präparate anzupassen gezwungen war, welche Empfindlichkeit von derjenigen des menschlichen Auges bekanntlich sehr verschieden ist.

Nachdem die Gesichtspunkte dargelegt worden sind, welche bei Wahl von Objectiven massgebend sind, wenden wir uns der Construction der Fernrohre in mechanischer Beziehung zu. Die für Planetenbeobachtungen geeigneten Instrumente bedürfen einer sogenannten parallaktischen Aufstellung, sie müssen sich um zwei Axen drehen lassen, von denen die eine dieselbe Richtung wie die Erdaxe hat und die andere senkrecht dazu liegt. Die erstgenannte Axe wird Stundenaxe, die andere Declinationsaxe genannt. Das Instrument beschreibt dann, wenn es um die Stundenaxe gedreht wird, Bogen, die dem scheinbaren Laufe der Gestirne am Himmel entsprechen, und ist es leicht einzusehen, dass dadurch die Handhabung beim Beobachten sehr erleichtert wird. Ausserdem ist diese Aufstellung aber die geeignetste für Anbringung des Uhrwerkes, welches der Umdrehung der Erde entgegen wirken soll, so dass das einmal eingestellte Gestirn im Gesichtsfelde des Fernrohrs bleibt, und ein Nachrücken mit der Hand unnöthig wird.

Derartige Uhrwerke sind Meisterwerke der Mechanik und kommt es bei ihnen vornehmlich auf einen gut wirkenden Regulator an, denn die Widerstände, welche das Uhrwerk zu überwinden hat, sind veränderlich. Auch ist es wichtig, dass der Regulator bei niedrigen Temperaturen seinen Dienst nicht versagt, denn der Astronom will in der Lage sein, auch noch bei — 10° und darunter Beobachtungen anzustellen, was in nördlicher gelegenen Sternwarten öfters vorkommt. Die Construction derartiger Regulatoren ist eine sehr verschiedene, doch beruhen sie im Princip darauf, dass bei zu raschem Gange des Werkes durch die Centrifugalkraft Widerstände hervorgerufen werden, die auf Verlangsamung wirken, und umgekehrt. Man benutzt hierzu entweder die Reibung, die Kraft, welche elastischen Stahlstäben oder Spiralfedern innewohnt, den Luftwiderstand, der sich drehenden Windflügeln entgegensetzt u. s. w.

Das Uhrwerk ist besonders für Planetenbeobachtungen eine sehr wichtige Einrichtung, da zur Erkennung und Aufzeichnung der Einzelheiten der Planetenoberflächen oft langandauernde Besichtigungen und Messungen stattfinden müssen.

Es erübrigt noch zu bemerken, dass dem Fernrohre, selbst wenn es vom Uhrwerk getrieben wird, kleinere Drehungen um die Stunden- und Declinationsaxe ertheilt werden können, also in den beiden Richtungen, in denen man die Lage der Gestirne am Himmel bestimmt in Rectascension und Declination. Diesem Zwecke entsprechende Einrichtungen führen die Bezeichnung „Feinstellungen", sie dienen dazu, das zu beobachtende Object im Gesichtsfelde genau an die gewünschte Stelle zu bringen, also auch zum Ausgleich kleiner Schwankungen des Ganges des Fernrohrs, die bei längeren Beobachtungen und Messungen nicht ausbleiben.

Bei allen naturwissenschaftlichen Untersuchungen, also auch bei denjenigen planetarischer Körper, bilden die

Messungen die einzige sichere Grundlage. Es sind entweder Zeit- oder Raumgrössen zu messen. Das erstere geschieht mittels guter Uhren, welche bei jeder astronomischen Beobachtung gebraucht werden, das Messen von Raumgrössen aber mit besonderen Einrichtungen, die zumeist am Ocularende des Fernrohrs angebracht sind und den Namen Mikrometer führen. Es existiren verschiedene Arten von Mikrometern, von denen wir das verbreitetste zuerst erwähnen, nämlich das Fadenmikrometer. So genannt, weil innerhalb desselben zwei Systeme feiner Fäden angebracht sind, von denen das eine feststeht, das andere mit Hülfe einer ausserordentlich exact gearbeiteten Schraube bewegt werden kann. Die Fäden entnimmt man den Cocons, welche von den Spinnen zum Schutz der Eier angelegt werden, da dieselben allen Anforderungen an Feinheit und Gleichmässigkeit genügen, ausserdem sehr dauerhaft sind und eine relativ grosse Festigkeit besitzen. Unschätzbare Eigenschaften für den erwähnten Zweck. Es existiren wohl kaum Aufzeichnungen darüber, wie lange Spinnfäden, wenn sie vor Staub geschützt und nicht durch Gewalt zerrissen werden, ihren Zweck als Messmarken erfüllen können, aber über 15 Jahre reichen die Erfahrungen des Verfassers in dieser Beziehung.

Die Spinnfäden werden am besten angefeuchtet in die Mikrometer eingekittet und ziehen sich nach dem Trocknen ganz gerade, wenigstens werden sie in den meisten Fällen als in gerader Linie verlaufend angesehen. Die nach physikalischen Gesetzen unvermeidliche Durchhängung in der Mitte wird, ihres der Null sehr nahe kommenden Betrages wegen, meist vernachlässigt.

Das eine, feststehende System von Mikrometerfäden besitzt gewöhnlich eine Anzahl in gleichen Abständen stehender Spinnfäden *f* (Fig. 1), welche in der Mitte von einem Faden genau senkrecht durchkreuzt werden.

Das bewegliche System hat nur Fäden in einer Richtung, welche genau parallel zu den erstgenannten und

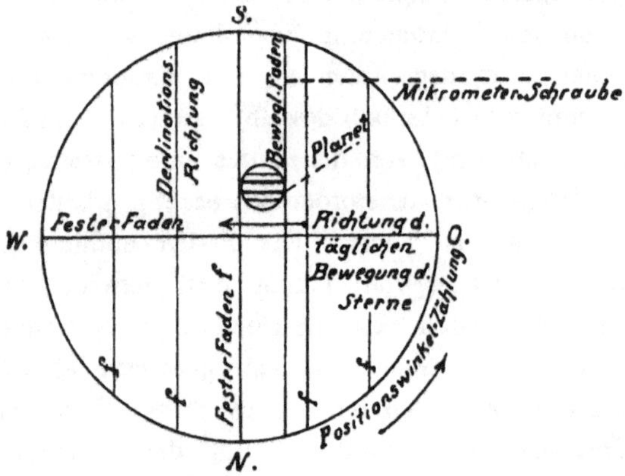

Fig. 1.

dicht über ihnen liegen müssen, damit beide Systeme dem Beobachter im Ocular gleich scharf erscheinen können*).

Die Mikrometerschraube, welche zur Bewegung des einen Systems von Fäden dient, hat neben dem Knopf, der zu ihrer Handhabung dient, einen cylindrischen Ansatz, Trommel, der zunächst in 100 Theile getheilt ist, sodass mit Hülfe eines feststehenden Zeigers, Index, der hundertste Theil einer Schraubenumdrehung direct abgelesen,

*) Erforderlichenfalls können die Fäden oder auch der Grund, auf dem sie erscheinen, durch eine sogenannte „Fadenbeleuchtung" erhellt werden.

der tausendste Theil noch geschätzt werden kann. Es werden zu Mikrometerschrauben stets Schrauben von geringer Ganghöhe (0.25—0.50 mm) genommen, sodass mit Hülfe der Trommel noch sehr kleine Längen gemessen werden können.

Ist die Schraube exact gearbeitet und besitzen ihre Windungen die erforderliche Gleichmässigkeit, was von den Astronomen nach Bessels Vorgang mit grosser Schärfe untersucht wird, so können Entfernungen am Himmel mit bemerkenswerther Genauigkeit gemessen werden, vorausgesetzt dass die Luft eine ruhige ist.

Was die Ausführung einer Messung mit Hülfe des Fadenmikrometers anbelangt, so erfolgt dieselbe in der Weise, dass der zu messende Gegenstand, z. B. eine Planetenscheibe, deren Durchmesser zu bestimmen wäre, im Gesichtsfelde des Fernrohrs zwischen einen festen und einen beweglichen Faden gebracht wird. Durch Bewegung des Fernrohrs mittels der Feinstellungen*) und durch Drehen an der Mikrometerschraube wird erreicht, dass die mit den Fäden gleichzeitig scharf erscheinende Planetenscheibe genau zwischen die beiden Fäden passt, deren Abstand dann dem Durchmesser des Objectes entspricht. Die Ausführung derartiger Messungen erfordert naturgemäss einige Übung, da das zu messende Object infolge der Luftwallungen und kleiner Unregelmässigkeiten im Gange des Uhrwerks nie ganz still steht. Es ist nothwendig, einen

*) Bessere Mikrometer besitzen eine Einrichtung zu gleichzeitiger Verschiebung der beiden Fadensysteme in der Messungsrichtung und zwar mit Hülfe einer Schraube, welche dieselbe Ganghöhe hat wie die Mikrometerschraube. Dadurch wird die Benutzung der Feinstellungen vermieden und die Messung bequemer ausführbar.

günstigen Augenblick abzuwarten, in dem der bewegliche Faden vorgerückt werden kann. Man bedient sich hierbei wohl auch des Kunstgriffes, dass man den beweglichen Faden so weit vom Objecte entfernt hält, als auf der anderen Seite der feste Faden in die Scheibe einschneidet, und dann durch einen leisen Druck am Fernrohr sich vergewissert, dass die Fäden den Planeten genau einschliessen.

Ehe die Messung beginnt, ist diejenige Schraubenablesung genau festzustellen, welche einem Zusammenfallen des festen und beweglichen Fadens, ihrer Coincidenz, entspricht. Es geschieht dies am besten am Tage, indem man das Fernrohr gegen den hellen Himmel richtet und ein stark vergrösserndes Ocular anwendet. Es wird dann der bewegliche Faden einmal auf die rechte, dann auf die linke Seite des festen Fadens in der Weise gestellt, dass die Zwischenräume stets gleiche Breite mit den Fäden zeigen. Das Mittel aus den beiden Trommelablesungen ergiebt die Schraubenablesung für das Zusammenfallen der Fäden. Es ist hierbei, wie bei allen Messungen, die Regel, die Schraube bei den Einstellungen stets nur vorwärts zu bewegen, um den sogenannten todten Gang zu vermeiden, der durch die lose Führung der Schraube in der zugehörigen Mutter bedingt wird. Bei guter mechanischer Arbeit kann dieser todte Gang sehr verringert werden, indess es muss doch immer noch ein wenig Raum in den Schraubengängen für die nothwendige Oelschicht bleiben, und deshalb wendet man auch bei den besten Mikrometern stets obige Vorsicht an. Durch die Coincidenz-Bestimmung eines benutzten festen Mikrometerfadens kennen wir den Anfangspunkt des Massstabes, mit dem wir messen. Es ist nur nöthig, die Differenz zwischen beiden Trommelablesungen zu bilden, welche wir einerseits bei der Coincidenz-Bestimmung, andererseits durch die oben dargelegte Messmethode erhalten, und wir kennen den Durchmesser der Planetenscheibe, ausgedrückt in Umdrehungen der Mikrometerschraube. Dies ist aber nicht das Mass, in dem die Entfernungen am Himmelsgewölbe ausgedrückt werden.

Es können an der Sphäre nur Winkel gemessen werden, wenn wir z. B. von der Grösse der Sonne sprechen, so heisst es, sie hat einen Durchmesser von 32 Bogenminuten, also reichlich von einem halben Grade. Die beiden Gesichtslinien, welche das beobachtende Auge mit zwei gegenüberliegenden Randpunkten der Sonnenscheibe verbinden, schliessen einen Winkel von ungefähr $0^\circ.5$ ein.

Die Sonne erscheint daher dem unbewaffneten Auge in der deutlichen Sehweite (20 cm) nur $1^3/_4$ mm gross, und es braucht wohl an dieser Stelle nicht weiter bewiesen zu werden, dass diejenigen sich einer Täuschung hingeben, welche die Sonne als tellergross hinstellen. Das Verhältniss nun, welches zwischen den Schraubenrevolutionen und dem Bogenmass besteht, dies muss für jedes einzelne Fernrohr und die daran angebrachte Mikrometerschraube besonders ermittelt werden, damit die ausgeführten Messungen in dem einheitlichen Massstabe, der für die Sphäre gilt, ausgedrückt werden können. Hierzu gelangen wir mit Hülfe des Zusammenhanges, der zwischen den Winkeln und der Zeit hergestellt worden ist. Jeder Winkel oder Bogen ist in Zeit ausdrückbar; jeder Punkt der Erdoberfläche, mit Ausnahme der beiden Pole, dreht sich gleichförmig um die Erdaxe herum. Die Zeit, welche hierzu nöthig ist, hat man in 24 Theile, resp. Stunden, getheilt, eine Stunde entspricht daher $^1/_{24}$ des in 360° einzutheilenden Erdumfanges, also 15°. Nun wird aber bekanntlich der scheinbare Lauf der Gestirne am Himmel zwischen Auf- und Untergang durch diese Axendrehung bedingt, wir müssen daher folgern, dass ein Stern, der in der weiter ausgebreitet gedachten Aequatorialebene der Erde gelegen ist, ebenfalls in einer Stunde 15° zurücklegt. Dass dies in entgegengesetzter Richtung zur Drehung der Erde geschieht, ist einleuchtend und ohne Belang für die Winkelmessung durch Zeit. Wir wählen also einen Stern aus, der im Aequator liegt, und beobachten im feststehenden Fernrohre die Zeiten seiner Antritte an den festen Fäden des Mikrometers mit Hülfe einer Uhr, und wiederholen dies so oft, als wir denken, dass die zu erzielende Genauigkeit es erfordert. Aus der Coincidenzbestimmung ergeben sich die Abstände der festen Fäden in Umdrehungen der Schraube ausgedrückt, aus der Beobachtung des Sterns erhalten wir dieselben Abstände in Zeitmass. Durch eine einfache Rechnung wird daraus der Werth einer Umdrehung der Schraube in Bogenmass gefunden.

Der Einfachheit der Darlegung halber ist oben ein Stern im Aequator angenommen worden, ein solcher dürfte aber schwierig aufzufinden sein; es genügt indess, wenn nur der betreffende Stern nicht allzuweit vom Aequator abliegt, und sein Abstand von dieser Ebene, also seine Declination, bekannt ist*).

---

*) Es ist nur mit dem Cosinus der Declination zu multipliciren. Die gesammte Rechnung wird durch die einfache Formel: $R = t \cdot \cos\delta \cdot 15$ ausgedrückt, worin R den Werth einer Schraubenumdrehung in Bogenmass, t diejenige in Zeit und δ die Declination des Sterns bedeutet.

Der Erdäquator, dessen unendliche Durchmesservergrösserung den Himmelsäquator darstellt, bezeichnet an der Sphäre einen sogenannten grössten Kreis; die senkrecht darauf stehenden und die Pole einschliessenden Meridiane sind ebenfalls grösste Kreise. Alle mit der Mikrometerschraube auszuführenden Messungen beziehen sich auf die Gradeintheilung dieser grössten Kreise, deren Mittelpunkt mit dem Erdmittelpunkte zusammenfällt, in welchem letzteren man sich auch in den meisten Fällen den Beobachter situirt vorstellen kann. Sollen die Messungen auf die dem Aequator parallelen Kreise bezogen werden, wie es zur Bestimmung der den geographischen Längen entsprechenden Rectascensionen nöthig ist, so müssen die Messungen mit der Schraube eine Reduction erfahren, die derjenigen entgegengesetzt ist, welche bei Ableitung des Schraubenwerthes nothwendig war. Es ist augenscheinlich, dass die Grösse der Grade in den Parallelkreisen gegen die Pole stetig abnimmt, wenn also die A-R (Rectascensionen) in Bogenmass ausgedrückt sind, so haben wir uns darunter sehr variable Entfernungen am Himmel vorzustellen. Ein Grad in $70\,^1/_2{}^\circ$ Declination ist nur $^1/_3$ so gross als ein Aequatorgrad. Man umgeht dieses Voraussetzen eines veränderlichen Massstabes dadurch, dass man die A-R in Zeit ausdrückt, was ausserdem für die Anwendung der Uhren grosse Erleichterung bietet. Es möge hier erwähnt werden, dass man gegenwärtig die Unterabtheilungen der Stunde und des Grades, welche in beiden Fällen Minuten und Secunden genannt werden, und die noch dem alten Duodecimalsysteme entstammen, auch in der abgekürzten Schreibweise unterscheidet. Man schreibt $18^h\ 20^m\ 30^s$ und andererseits

$275^\circ\ 7'\ 30''$ je nachdem Zeit- oder Bogenmass gemeint ist. Diese nützliche Uebereinkunft wird wohl gegenwärtig allgemein berücksichtigt, und es berührt seltsam, wenn wir in alten astronomischen Jahrbüchern die Zeitminuten und Zeitsecunden noch durch Indexstriche bezeichnet finden. Die Zeitangaben in Stunden und Decimaltheilen derselben auszudrücken ist nicht gebräuchlich, wohl aber die Winkel, so dass man statt $275^\circ\ 7'\ 30''$ auch $275^\circ.1250$ schreibt.

Vorstehende Erörterungen, welche etwas weitläufig erscheinen mögen, waren nöthig, um dem Leser einen ungefähren Ueberblick über die Voraussetzungen zu geben, welche bei Anwendung eines Mikrometers gemacht werden, und um den weiteren Text nicht durch zu viele Erläuterungen zu beschweren. Wir wenden uns nun wieder zur Construction des Mikrometers zurück und gedenken noch einer Einrichtung, die nächst den durch Schraube bewegten Fadensystemen die wichtigste ist, nämlich des sogenannten Positionskreises. Es kann nicht genügen, dass die Fäden in der Bildebene immer denselben Verlauf behalten, es ist erforderlich, dass sie um volle 360° gedreht werden können, da die Richtungen, in denen gemessen werden soll, alle möglichen Winkel gegen die Meridiane und Parallelkreise am Himmel einnehmen können. Der ganze bereits beschriebene Theil des Mikrometers ist daher auf einer runden Platte befestigt, die einen eingelegten Streifen aus Silber enthält, der bei grösseren Mikrometern äusserst genau in sechstel Grade eingetheilt ist, sodass die Entfernung zweier Striche $10'$ beträgt. Mit dem Fernrohr in fester Verbindung ist eine Marke*), die die Ablesung des Positionskreises ermöglicht.

Die Numerirung des Kreises verläuft links herum, entgegengesetzt dem Zeiger der Uhr, alle Positionswinkel werden in diesem Sinne gezählt. Ist das Fernrohr gegen Süden gerichtet und wird dabei angenommen, dass das Instrument ohne Gläser sei, so überblicken wir ein kreisförmiges Stück Himmel, auf dem die Himmelsrichtungen angegeben werden können, oben ist Norden, unten Süden, rechts Westen und links Osten. Die Linsen des astronomischen Fernrohrs kehren aber die Lage dieser Orientirungspunkte um, sodass Norden unten und Osten rechts sich befindet.

Alle Winkel, die im Gesichtsfelde des Fernrohrs zu messen sind, werden vom Nordpunkte an gezählt in der Richtung über Ost. Die Verbindungslinie des Nord- und Südpunktes entspricht stets einem Meridiane der Himmelskugel, die Ost-Westlinie einem Parallelkreise. Da wir nun wissen, dass die Sterne, infolge der Axendrehung der Erde, den Parallelkreisen folgen, so kann ein Stern, am besten in der Nähe des Aequators, dazu dienen, um den Nullpunkt des Positionskreises genau zu bestimmen. Der letztere wird so lange gedreht, bis der Stern bei feststehendem Fernrohr genau auf dem Querfaden des festen Systems läuft (Fig. 1). Die Ablesung an der festen Marke soll dann, da der Faden in der Ostwest-Richtung liegt, 90° sein. Meist ist dies nicht streng der Fall und es bleibt eine kleine Abweichung

*) Entweder ein gewöhnlicher Indexstrich, oder, sofern noch Unterabtheilungen genauer abgelesen werden sollen, ein Nonius.

übrig, die man aber nicht durch Verstellung der festen Marke beseitigt, sondern an den Winkelmessungen als Correction anbringt*). Die soeben besprochene Manipulation wird Bestimmung des Parallels genannt. Man wählt dazu gern einen Stern in der Nähe des Aequators, weil die scheinbaren Wege von Polsternen im Fernrohr als stark gekrümmte Kreisbögen erscheinen müssen, während man die Bahn eines Sterns mit grösserer Poldistanz für kurze Strecken als geradlinig ansehen kann.

Ausserdem werden derartige Bestimmungen durch die Strahlenbrechung in der irdischen Atmosphäre etwas beeinflusst, weswegen es sich empfiehlt, den Stern dann zu beobachten, wenn er sich möglichst weit vom Horizonte entfernt befindet, also im Süden, in der Nähe des Meridians des betreffenden Beobachtungsortes.

Das mit getheiltem Kreise versehene Fadenmikrometer, auch Positionsmikrometer genannt, gestattet alle Messungen vorzunehmen, die bei der Beobachtung von Planeten vorkommen, als z. B. Durchmesser- und Abplattungsbestimmungen, Ermittelung der Axenlage, Ortsbestimmung von Gebilden der Oberfläche etc. Sie besitzen jedoch einen Nachtheil, der allmählich bei ihrem Gebrauche hervorgetreten ist, und der in der Anwendung von Fäden beruht.

Wenn im Gesichtsfelde des Fernrohrs ein Mikrometerfaden z. B. mit der leuchtenden Scheibe eines Planeten in Berührung kommt, so entstehen eigenthümliche Bild-

---

*) Es ist noch zu erwähnen, dass gewöhnlich zwei Indices an den Positionskreisen angebracht sind, die sich genau gegenüberliegen. Durch Ablesen beider kann der Fehler herausgeschafft werden, der durch nicht ganz genaues Zusammenfallen des Mittelpunktes des Kreises und seiner Lagerung entsteht (Excentricität).

verzerrungen durch Beugung des Lichtes. Die Folge davon ist, dass Durchmesser von Planetenscheiben mit Filarmikrometern leicht etwas zu gross gemessen werden, selbst wenn man glaubt, den Faden so weit herangebracht zu haben, dass er ein wenig in die Scheibe einschneidet. Auch verschwinden feine Einzelheiten der Planetenoberflächen, die vom Auge nur schwierig wahrgenommen werden, gänzlich, wenn ihnen ein Mikrometerfaden behufs Ausmessung genähert wird.

Aus diesen Gründen sind Einrichtungen erdacht worden, welche die Anwendung von Fäden umgehen. Sie beruhen alle darauf, zwei Bilder des Gegenstandes zu erzeugen, deren Entfernung messbar verändert werden kann. Es lässt sich dies durch verschiedene Einrichtungen bewerkstelligen, die entweder am Objectiv (Heliometer) und vor demselben, oder am Ocular und zwischen Ocular und Objectiv anzubringen sind, von denen wir aber hier nur einzelne näher betrachten wollen.

Beim Heliometer ist das ganze Objectiv in zwei Hälften geschnitten, die durch eine feine Mikrometerschraube gegen einander verstellt werden können. Da jeder herausgeblendete Theil eines Objectivs für sich ein, wenn auch lichtschwächeres, so doch correctes Bild des Gegenstandes erzeugt, also auch ein halbes Objectiv ganze und keine halben Bilder giebt, so entstehen im Heliometer zwei Bilder, die sich messbar verstellen lassen, und die dann zusammenfallen, wenn die beiden Ränder der Objectivhälften sich zum Kreise ergänzen. In dieser Stellung wird z. B. eine Planetenscheibe, deren Durchmesser bestimmt werden soll, einfach erscheinen, sowie aber die eine Objectivhälfte von der anderen entfernt wird, entstehen zwei Bilder, die durch weiteres Drehen an der betreffenden Mikrometerschraube genau bis zur Berührung ihrer Ränder getrennt werden können. Aus der Grösse der Drehung lässt sich dann ebenso wie beim Filarmikrometer der Durchmesser der Scheibe finden, sobald der Werth einer Schraubenumdrehung ermittelt worden ist. Die Vortheile einer solchen Messung bestehen darin, dass erstens die Beugungserscheinungen an festen Körpern in der Bildebene des Fernrohrs, wie die Fäden es sind, vermieden werden, ausserdem ist der Beobachter aber unabhängiger von den Luftwallungen und kleineren Unregelmässigkeiten im Gange des Uhrwerks, da beide Bilder gleichzeitig hierdurch beeinflusst werden. Leicht und sicher lassen sich die Messungen ausführen. Das Heliometer ist aber ein complicirtes Instrument und war man daher bestrebt die Entstehung von Doppelbildern noch auf einfachere Art und mehr in der Nähe des Oculars zu bewerkstelligen. Krystalle gewisser Mineralien, welche die Eigenschaft besitzen von einem Gegenstande, in bestimmter Richtung, zwei Bilder erscheinen zu lassen, wie z. B. der isländische Kalkspath (Doppelspath) und der Bergkrystall, boten sich zu diesem Zwecke dar, ausserdem können dazu auch planparallele Glasplatten und Prismen dienen.

Es existiren zahlreiche Constructionen dieser Doppelbildmikrometer, deren auch nur andeutungsweise Beschreibung der Raum dieses Buches nicht gestattet. Nur einer Vorrichtung mag gedacht werden, die sich durch ihre Einfachheit auszeichnet und die sich bei der Messung von Positionswinkeln bewährt hat. Sie besteht aus einem keilförmigen Stück (Prisma) von Kalkspath, auf welches zur Verringerung der Farbenabweichung ein Glaskeil aufgekittet ist. Wird dieses achromatische Kalkspathprisma vor dem Ocular eines Fernrohres so angebracht, dass es sich drehen lässt, so gewahrt man zwei Bilder des betreffenden Gegenstandes, von denen während der Drehung das eine feststeht und das andere sich um das erstere herumbewegt. Diese beiden Drehungen erfolgen ganz conform, z. B. bei einer Drehung des Prismas um 45° durchläuft auch das bewegliche Bild einen Bogen von 45°. Die Ausführung von Positionswinkelmessungen mit diesem Prisma geschieht nun in der Weise, dass das letztere zuerst so lange gedreht wird, bis der das Parallel anzeigende Faden nicht mehr doppelt, sondern einfach erscheint. Die Doppelbrechung erfolgt dann in der Richtung des Parallels. Wird nun der ganze Positionskreis gedreht, dann bleibt dieser Faden einfach, da die relative Lage zwischen dem Prisma und dem Faden sich nicht ändert, hingegen das bewegliche Bild des Gegenstandes geht um den betreffenden Winkel weiter. Stellen wir uns nun einen Doppelstern vor und es soll der Winkel gemessen werden, den die Verbindungslinie der beiden Sterne mit dem Parallel einschliesst, so wird der Positionskreis so lange gedreht, bis die erscheinenden vier Sterne in einer geraden Linie liegen, was sich unvergleichlich besser ausführen lässt, als wenn wir ohne Prisma einen Mikrometerfaden parallel zu der Verbindungslinie der beiden Componenten des Doppelsterns richten. Wenn dann der Positionskreis abgelesen wird, so ergiebt sich nach Anbringung der Nullpunktcorrection ohne Weiteres der Positionswinkel des Doppelsterns. Auch jede andere

Richtung im Weltenraume, die wir zu kennzeichnen wünschen, ist auf diese Weise messbar. Verfasser hat z. B. so die Richtung der Marsaxe durch zahlreiche Beobachtungen der polaren Schneeflecken bestimmt, mit einer Genauigkeit, die nicht hinter der Schärfe der Heliometermessungen zurückbleibt.

Es sind im Vorstehenden die wesentlichen Theile desjenigen astronomischen Instrumentes beschrieben worden, welches gewöhnlich den Namen Refractor führt, da die Erzeugung der Bilder in demselben durch Brechung (Refraction) der Lichtstrahlen in den Glaslinsen erfolgt. Es existirt aber noch eine andere Gattung von Instrumenten, bei denen die Bilder durch Spiegelung an blanken Hohlflächen entstehen, und die deshalb den Namen Reflectoren führen. Obgleich diese letzteren nicht die Verbreitung der Refractoren haben finden können, so sind sie doch gerade für Planetenbeobachtungen öfters und mit Erfolg angewendet worden, sodass es thunlich erscheint, ihrer mit einigen Worten zu gedenken. Den Hauptheil des Reflectors oder Spiegelteleskops bildet der Hohlspiegel, dessen reflectirende Fläche durch die Innenseite einer Hohlkugel gebildet wird. Früher wurden diese Spiegel aus Spiegelmetall, einer Legirung aus Kupfer und Zinn, gegossen, welche eine gute Politurfähigkeit besitzt.

Der fehlerfreie Guss dieser Metallspiegel gelingt aber, besonders bei grösseren Dimensionen, nicht immer, auch sind die Spiegel schwer, und steht die Reflexionsfähigkeit des Spiegelmetalls beträchtlich hinter derjenigen anderer Metalle, z. B. Silber, zurück, sodass sie gegenwärtig für astronomische Zwecke fast gar keine Verwendung mehr finden. Sie sind durch Spiegel aus Glas verdrängt worden, deren Hohlfläche auf chemischem Wege mit einer ganz dünnen Schicht reinen Silbers überzogen wird. Die Reflexionsfähigkeit dieser Glas-Silberspiegel ist in der ersten Zeit nach der Politur eine ganz ausserordentliche, sie verlangen aber eine sehr schonende Behandlung und müssen besonders vor Staub und, bei schnellem Uebergang von Kälte zu Wärme, vor dem Beschlagen mit Feuchtigkeit geschützt werden, da das condensirte Wasser die äusserst dünne Silberschicht $\left(\frac{1}{4000}\text{ mm}\right)$ abzulösen vermag. Mit der gehörigen Vorsicht behandelt, können diese Glas-Silberspiegel eine ganze Reihe von Jahren brauchbar bleiben, ohne neu versilbert zu werden. Besonders in England sind Spiegelteleskope mit versilberten Hohlspiegeln vielfach in Gebrauch und zwar bis zu ganz enormen Dimensionen. Der wesentlichste Vortheil bei ihrer Verwendung zu astronomischen Beobachtungen besteht in der absoluten Farbenreinheit der Bilder, da naturgemäss alle Strahlen vom Roth bis ins Ultraviolett hinein gleichmässig reflectirt werden, aber man kann trotzdem nicht behaupten, dass die Anwendung selbst der riesenhaftesten Reflectoren die astronomische Forschung mehr gefördert hat, als diejenige der Refractoren, die in so grossen Dimensionen kaum herstellbar sind.

Die Anfertigung eines Hohlspiegels gestaltet sich im Allgemeinen einfacher als die eines achromatischen Objectivs. Da nur eine Fläche zu schleifen und zu poliren ist, so fällt auch die umständliche Berechnung fort, welche die achromatischen Objective erfordern. Die eine Fläche muss allerdings mit der allergrössten Sorgfalt bearbeitet werden, da bei der Spiegelung ein kleiner Fehler der Fläche eine doppelt so grosse Abweichung des reflectirten Strahles bedingt.

Die Formgebung eines Hohlspiegels ist daher sehr schwierig, und genügt es für grössere Spiegel nicht der Hohlfläche die Kugelgestalt zu belassen, sondern es muss durch Niederpoliren der Randzone des Spiegels eine parabolische Form erzielt werden, welche für eine scharfe Vereinigung der Central- und Randstrahlen erforderlich ist. Nur durch fortgesetztes Probiren kann das Mass dieser Formgebung bestimmt werden, und man hat sich dabei ebensowohl vor einem zu viel als vor einem zu wenig zu hüten, was bei der beispiellosen Kleinheit der Correctionen äusserst schwierig ist.

Es rufen auch Temperaturschwankungen Spannungen in der Glasmasse, und Durchbiegungen des Spiegels beim Gebrauch minutiöse Formveränderungen hervor, die sich dem Reflexionsgesetze des Lichtes gemäss in den Bildern vergrössert wiederfinden.

In diesen Umständen ist es wohl begründet, dass der Reflector eine grössere Verbreitung nicht gefunden hat.

Nach einem Ueberblick über die hauptsächlichsten instrumentalen Hülfsmittel zur Beobachtung von Planeten mögen noch einige Worte über die Baulichkeiten hier Platz finden, die die beschriebenen Instrumente aufzunehmen und zu verwenden geeignet sind. Die Beobachtungsthürme sind zumeist Rundbauten mit drehbarem Dach, in welchem sich eine spaltartige Oeffnung befindet, die den Ausblick auf den Himmel gestattet, und für die Zeit der Nichtverwendung möglichst dicht geschlossen werden kann, damit das Instrument vor den

Unbilden der Witterung sicher geschützt ist. Die Einrichtung eines solchen Raumes wird je nach der Grösse des Instrumentes und der disponiblen Mittel mehr oder weniger complicirt sein. Die Fortschritte der Technik in der Neuzeit haben auch hierauf ihren Einfluss ausgeübt. An dem projectirten, bereits oben erwähnten Yerkes-Observatorium sollen dem Beobachter die grössten Bequemlichkeiten geboten werden. Der Durchmesser des Domes wird voraussichtlich 85 Fuss betragen. Der ganze Fussboden, auf dem der Beobachter sich bewegt, wird mittels Wasserdrucks gehoben und gesenkt werden, um dem Auge das Ocular des Instrumentes für die verschiedensten Stellungen der Gestirne bequem erreichbar zu machen. Auf diese Weise fällt der sonst erforderliche sehr umfangreiche und störende Beobachtungsstuhl ganz fort. Das Steigen und Fallen des Fussbodens, die Bewegung des Instrumentes sowie die Klemmung desselben, all diese Operationen sollen mittels elektrischer Contacte vom Ocularende des Fernrohrs aus auf eine leichte Weise bewirkt werden können.

Gewiss kann man sich auch viel einfacher behelfen, aber die Bequemlichkeit ist beim Beobachten ein wesentlicher Factor, der nicht ohne günstigen Einfluss auf die Güte der Arbeit ist.

Es würde zu weit führen, an dieser Stelle mehr als andeutungsweise die Einrichtung eines Beobachtungsraumes zu beschreiben und möge dem Leser die umstehende Abbildung*), die den Durchschnitt durch eine Kuppel des

*) Diese Zeichnung wurde dem im Besitze des Verfassers befindlichen Werke: „Monographie de l'observatoire de Nice par Charles Garnier, Architecte, Paris 1892" entnommen, welches auf 35 prachtvollen Kupfertafeln die sämmtlichen Bauwerke des von Raphael Bischoffsheim gegründeten Privat-Observatoriums zu Nizza darstellt.

Observatoriums zu Nizza darstellt, ein weiteres Eingehen auf diesen Gegenstand ersetzen.

Der Verfasser erachtet nun den Leser im Allgemeinen darüber orientirt, welche physikalischen Hülfsmittel zur

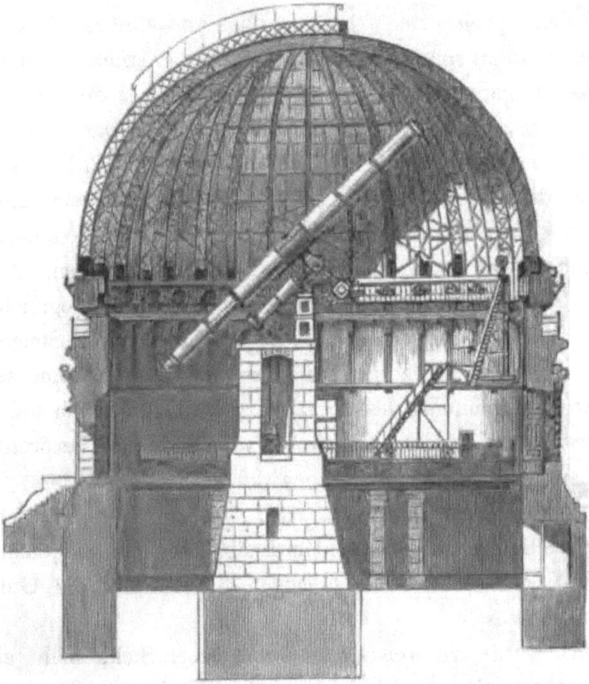

Fig. 2.

Beobachtung von Planeten erforderlich sind, und möge es ihm vor dem Uebergange zu den Einzelbeschreibungen der Planeten gestattet sein, noch einiger persönlicher Bestrebungen zu gedenken, die der Untersuchung planetarischer

Körper förderlich sind und auf die weiter unten öfters Bezug zu nehmen ist.

Es ist hier in erster Linie der Name A. Marth zu nennen. Seit Jahrzehnten liefert dieser Gelehrte in Gestalt von Ephemeriden die rechnerischen Grundlagen zu einer erfolgreichen Beobachtung der Planeten und ihrer Monde. Es erwächst hierdurch nicht nur dem Fachmanne ein grosser Zeitgewinn, sondern es wird auch dem im Rechnen weniger Geübten Gelegenheit geboten, seine Beobachtungen nutzbringend zu verwerthen. Dabei ist noch besonders zu betonen, dass der genannte Gelehrte mit peinlicher Gewissenhaftigkeit die Elemente für seine zahlreichen Ephemeriden kritisch prüft und nur das berücksichtigt, was Vertrauen verdient. Ausserdem sind die gegebenen Zahlenwerthe äusserst correct und dem praktischen Bedürfniss angepasst, sodass sie ohne Weiteres benutzt werden können.

Die zeitraubenden Ueberlegungen, in welcher Weise die verschiedenen Correctionen wegen Phase, Lichtgeschwindigkeit etc. an den Beobachtungen anzubringen sind, hat der Rechner der Ephemeriden in wohlwollender Weise auf sich genommen, und ist es gerathener, sich auf die Zahlen der Ephemeride zu verlassen, als dieselben neu zu berechnen. Es ist vorgekommen, dass Beobachter an ihren Zeitangaben Correctionen angebracht haben, die in den Ephemeriden schon berücksichtigt waren, wodurch natürlich Fehler entstanden.

Um einen Ueberblick darüber zu gestatten, wie derartige Ephemeriden eingerichtet sind, ist im Folgenden ein kurzes Stück einer Ephemeride des Planeten Jupiter gegeben:

Ephemeride zur physikalischen Beobachtung des Jupiter.

Greenwich Mittag	Posit.-Winkel der Jupiter-Axe	Jovigr. Breite der Erde über Jupiters Aequator	Scheinbarer Durchmesser Aequ.	Scheinbarer Durchmesser Phase	Scheinbarer Durchmesser Pol.	Jovigr. Länge d. centr. Meridians (870°.27)	Correct. wegen Phase	Lichtzeit
1892	°	°	"	"	"	°	°	m
Oct. 2	336.540	+3.132	49.10	0.02	45.95	312.81	+0 02	32.980
4	.497	3.126	49.16	0.01	46.01	253.63	+0.02	32.938
6	.454	3.120	49.21	0.01	46.05	194.46	+0.01	32.908
8	.411	3.113	49.24	0.00	46.08	135.28	0.00	32.886
10	.368	3.105	49.26	0.00	46.10	76.10	0.00	32.875
12	.326	3.097	49.26	0.00	46.10	16.91	0.00	32.874
14	.284	3.088	49.24	0.00	46.08	317.71	0.00	32.883
16	.243	3.079	49 21	0.00	46.06	258.51	0.00	32.902
18	.202	3.069	49.17	0.01	46.02	199.30	—0.01	32.932
20	.162	3.059	49.11	0.01	45 96	140.08	—0.01	32.972
22	.123	3.048	49.04	0.02	45.89	80.85	— 0.02	33.022
24	.085	3.037	48.95	0.03	45.81	21.61	—0 03	33.082
26	.048	3.026	48.84	0.04	45.71	322.36	—0.04	33.152
28	336.013	3.014	48.73	0.05	45.60	263.10	—0 05	33.232
30	335.979	3.002	48.59	0.06	45.48	203.83	—0.07	33.322
Nov. 1	.946	2.989	48.45	0.07	45.34	144.54	—0 08	33.421
3	.914	2.977	48.29	0.08	45.19	85.24	—0.10	33.530

Die Ueberschriften über den Colonnen machen weitere Erläuterungen unnöthig, es sei nur erwähnt, dass die jovigraphen Längen in Colonne 7 mit Zugrundelegung eines täglichen Rotationswinkels von 870°.27 gerechnet sind. Lichtzeit ist die Zeit, welche das Licht braucht, um vom Jupiter zur Erde zu gelangen, sie beträgt reichlich 1/2 Stunde.

Es muss als eine nothwendige Forderung angesehen werden, dass diese Ephemeriden in der Zukunft nicht wieder verstummen, sondern ganz conform und in demselben Geiste weitergeführt werden, denn sie sind für das Studium der Planeten ebenso wichtig, als die Jahrbücher für die gesammte Astronomie. Verfasser möchte sogar wünschen, dass die Ephemeriden jährlich als ein gesondertes Heft und nicht in periodischen Zeitschriften zerstreut erscheinen. Es existirt so viel Material, welches sich auf die physikalische Untersuchung der Sonne und ihrer Begleiter bezieht, und welches in den astronomischen Jahrbüchern nicht vorzufinden ist. Alles dies könnte in einem „Astrophysikalischen Jahrbuch“ Platz finden.

Am Schlusse dieses Abschnittes soll noch einer Einrichtung der Neuzeit gedacht werden, welche wohl geeignet erscheinen kann das Studium der Planeten zu fördern, es sind dies die in mehreren Ländern entstandenen Vereinigungen von Anhängern der Astronomie und kosmischen Physik. Die grösste Gesellschaft der Art ist wohl die „British Astronomical Association“ in London. Dieselbe giebt ein besonderes Journal herans, in welchem Bericht erstattet wird über die Thätigkeit der nach den einzelnen Himmelskörpern benannten Sectionen. Das Journal enthält ferner eine sehr vollständige Uebersicht über die in zahlreichen Fachschriften enthaltenen Publicationen, sodass alles gethan ist, um den Nicht-Fachmann zu informiren und seiner Thätigkeit eine zielbewusste Richtung zu geben. Es ist nur zu wünschen, dass derartige Vereine prosperiren, da es anerkannt ist, wie sehr die Privat-Thätigkeit der Entwickelung einzelner Zweige der Naturwissenschaft förderlich war.

JUPITER.

Das Erste, was bei Betrachtung dieses hellleuchtenden Planeten durch ein Fernrohr auffällt, ist, dass die Scheibe nicht kreisrund erscheint, sondern ganz beträchtlich abgeplattet ist. Da diese Abplattung nach physikalischen Gesetzen nur eine Folge der Umdrehung des Körpers um eine Axe sein kann, so ist zu folgern, dass dieser Planet mit erheblicher Geschwindigkeit rotirt, und es kann auch sofort die ungefähre Lage der Rotationsaxe und ihrer beiden Pole angegeben werden. Die Bestimmung der Abplattung des Jupiter ist der Gegenstand zahlreicher Messungen gewesen, zu deren Vornahme das Fadenmikrometer ebensowohl als das Doppelbildmikrometer Verwendung finden konnte, da es sich nur um Feststellung eines Verhältnisses handelt und die Fehler der Einstellung auf die Ränder sich grösstentheils aufheben. A. Marth nimmt in seinen Ephemeriden diejenige Abplattung an, welche sich aus den Heliometer-Messungen

Bessels aus den Jahren 1833—1835 ergiebt und einem Axenverhältniss von 0.9364 entspricht. Dieser Bruch, welcher durch Division des kleineren Polar-Durchmessers durch den grösseren Aequatorial-Durchmesser entsteht und von Marth mit cos ε_0 bezeichnet wird, ist ein bequemes Mass für die Abplattung, doch pflegt man letzterer noch in anderer Weise Ausdruck zu verleihen. Wird nämlich die Differenz zwischen dem Aequatorial- und Polar-Durchmesser in Theilen des ersteren ausgedrückt, so entsteht (unter Beibehaltung der Werthe von Bessel) der Bruch $\frac{1}{15.73}$, womit die Abplattung ebenfalls gekennzeichnet ist. F. Kaiser, der Astronom der Leydener Sternwarte, fand aus zahlreichen und sorgfältigen Messungen, die er von 1856—1862 mit Hülfe des Doppelmikrometers von Airy vornahm, die Abplattung $\frac{1}{17.109}$.

Eine Vergleichung der beiden Zahlen, denen sich noch andere abweichende zugesellen, lässt erkennen, dass selbst die Angaben sehr berühmter Beobachter keine befriedigende Uebereinstimmung zeigen. Woran es liegt, ist schwer zu entscheiden. Vermuthungen, dass vielleicht periodische Durchmesser-Veränderungen vorliegen, sind in diesem, sowie in allen anderen gleichartigen Fällen nur mit grösster Vorsicht aufzunehmen; es wird stets wahrscheinlicher sein, dass die Schwankungen durch persönliche Einflüsse beim Messen entstehen.

Die folgende Zusammenstellung enthält einige von namhaften Beobachtern herrührende Werthe für die Abplattung des Jupiter:

1826	W. Struve	$\frac{1}{13.71}$
1833—1835	Bessel	$\frac{1}{15.73}$
1839	Beer u. Mädler . .	$\frac{1}{20.03}$
1854—1855	Schmidt	$\frac{1}{15.6}$
1840—1851	Main	$\frac{1}{16.84}$
1856	Warren de la Rue	$\frac{1}{18.62}$
1856—1862	Kaiser	$\frac{1}{17.11}$
1860—1861	Mädler	$\frac{1}{14.22}$
1861	Main	$\frac{1}{16.49}$.

Der Bestimmung der Abplattung, welche letztere wir als eine in die Augen springende Erscheinung vorgreifend erwähnt haben, müssen naturgemäss genaue Grössenmessungen des Planeten vorangehen, die in aequatorialer und polarer Richtung auszuführen sind. Messungen in anderen als diesen Richtungen sind selten angestellt worden, da der Planet doch wohl als ein Rotations-Ellipsoid angesehen werden muss, dessen Form durch die Ausdehnung der kleinen und grossen Axe bestimmt wird. In den Ephemeriden werden daher nur diese beiden Durchmesser angegeben, und zwar hat A. Marth auch hier an den Bessel'schen Werthen festgehalten, nämlich:

Polar-Durchmesser 35″.21
Aequatorial-Durchmesser 37″.60.

Diese Zahlen können natürlich nur für eine ganz bestimmte Entfernung des Planeten gelten; die aus den Messungen direct folgenden Werthe sind erst entsprechend umzurechnen, denn die Entfernung eines Planeten von der Erde ändert sich fortwährend. Man reducirt die Durchmesser der entfernteren Planeten, zu denen Jupiter gehört, zumeist auf eine Entfernung, welche der halben grossen Axe ihrer elliptischen Bahnen um die Sonne gleichkommt, bei Jupiter auf die Entfernung 5.20273 *).

Die dieser Zahl zu Grunde liegende Masseinheit ist der Erdbahn-Halbmesser, welcher auch die Entfernung Eins genannt wird. Der äquatoriale Durchmesser des Jupiter erscheint demnach in einer Entfernung, welche $5\frac{1}{5}$ mal grösser ist als die Entfernung der Erde von der Sonne unter einem Winkel von $37''.60$. — Bei der Beobachtung des Planeten von der Erde aus wird der letztere, je nach der Stellung der beiden Körper in ihrer Bahn, grösser oder kleiner erscheinen. Steht die Erde in der Richtung Jupiter-Sonne, und zwar zwischen den beiden letztgenannten (Opposition), so ist der Beobachter dem Jupiter am nächsten, und der Durchmesser erscheint grösser als oben angegeben; steht die Sonne zwischen den beiden Planeten (Conjunction), dann ist der Jupiter fern, sein scheinbarer Durchmesser hat abgenommen. In den Ephemeriden von Marth sind die Durchmesser des Jupiter für jeden zweiten Tag angegeben, wie sie einem Beobachter in Greenwich bei London genau im Mittag erscheinen würden. Könnte der Beobachter um diese Zeit den Planeten sehen und eine

*) Der fünfstellige Logarithmus, den man bei der Reduction der Durchmesser-Bestimmungen stets braucht, ist 0.71623.

Messung vornehmen, so würde er die Zahlen der Ephemeride erhalten, befindet er sich jedoch an einer anderen Stelle der Erdoberfläche und beobachtet zwar an dem Tage der Ephemeride, aber zu einer anderen Stunde, so wären zweierlei Correctionen an seinen erhaltenen Zahlen nöthig, sofern er sein Resultat mit der Ephemeride vergleichen will. Einmal wegen der Verschiedenheit der Ortszeiten und dann deshalb, weil er nicht genau zu der Zeit beobachtete, als in Greenwich Mittag war. Für Ausführung der ersten Correction musste bisher stets die Längendifferenz zwischen Greenwich und dem Beobachtungsorte bekannt sein, jetzt wird dies nach Einführung der Meridianzeiten, die stets für einen grösseren Ländercomplex gelten, und nur um volle Stunden von der mittleren Zeit in Greenwich abweichen, wesentlich vereinfacht. Die in Mittel-Europa giltige Zeit ist genau eine Stunde von der in Greenwich geltenden Ortszeit verschieden. Vorausgesetzt, es hätte Jemand in Berlin am 1. Nov. 1892 früh 1 Uhr (13^h), mitteleuropäische Zeit, den Polar- und Aequatorial-Durchmesser des Jupiter gemessen und gefunden:

$$D^{pol.} = 45''.30$$
$$D^{aequ.} = 48''.41.$$

So wäre festzustellen, wie gross sich die Durchmesser aus der Ephemeride ergeben. Wir ersehen aus der letzteren (S. 32), dass der scheinbare Polar-Durchmesser sich vom 1.—3. November um 0''.15, der Aequatorial-Durchmesser um 0''.16 verkleinert hat. Zur Zeit der Beobachtung war es in Greenwich Mitternacht, es waren also seit dem 1. Nov. Mittags, wofür die Ephemeride gilt, 12 Stunden oder genau ein halber Tag verflossen, das ist aber $^1/_4$ des

Intervalls vom 1.—3. Nov., in welchem sich die Durchmesser um 0''.15 resp. 0''.16 vermindert haben.

Die in der Ephemeride für Nov. 1 angegebenen Werthe:

$$D^{pol.} = 45''.34$$
$$D^{aequ.} = 48''.45$$

sind demnach um $\frac{0''.15}{4}$ resp. $\frac{0''.16}{4}$ oder 0''.04 zu vermindern, wir erhalten dadurch genau die Zahlen der directen Beobachtung und wären berechtigt anzunehmen, dass die Ausmessung in Berlin am 1. Nov. genau dem Planeten-Durchmesser entspricht, welchen A. Marth seiner Ephemeride zu Grunde gelegt hat. Dabei ist aber die Phase des Planeten ausser Acht gelassen worden. Naturgemäss ist der Planet nur zur Zeit der Opposition und Conjunction für einen Beobachter auf der Erde voll erleuchtet, in allen anderen Stellungen fehlt entweder am Ost- oder am Westrande des Planeten eine Zone, die in Dunkel gehüllt ist, und zwar fällt der breiteste Theil dieser dunklen Sichel beim Jupiter stets in die Nähe des Aequators, sodass wir den Aequatorial-Durchmesser, ausser zur Zeit der Opposition, stets zu klein messen. Wäre zwischen dem 8. und 14. October beobachtet worden, dann wäre keine Correction wegen Phase nöthig gewesen, da um diese Zeit der Planet voll erleuchtet war (Opposition).

Die Berechnung des Einflusses der Phase kann immerhin etwas umständlich ausfallen, aber sie ist nicht nöthig, denn in der Ephemeride ist auch diesem Umstande Rechnung getragen worden. Wir ersehen oben S. 32 Colonne 5, dass am 1. Nov. die Messung des Aequatorial-Durchmessers um 0''.07 zu klein ausfallen musste, es hätte sich bei voller

Erleuchtung der Scheibe 48″.48 anstatt 48″.41 ergeben. Die Uebereinstimmung mit der Ephemeride ist daher keine vollkommene, sondern es bleibt eine Differenz von 0″.07 übrig.

Verfasser hat sich im Vorstehenden über die Reduction einer einfachen Durchmesserbestimmung eingehender verbreitet, um an einem Beispiele darzuthun, wie die Verwerthung astronomischer Beobachtungen erfolgt. Man wird sich eine Vorstellung darüber bilden können, wie zeitraubend und mühevoll die Anbringung all der kleinen Correctionen werden kann, wenn man berücksichtigt, dass das obige Beispiel eine der allereinfachsten Reductionen darstellt, die noch ganz wesentlich durch das Vorhandensein einer Ephemeride unterstützt wird.

Handelt es sich darum, die Dimensionen eines Planeten genau festzustellen, sodass das Resultat ein glaubwürdiges ist und verdient neben den bereits vorhandenen Resultaten eine Stelle zu finden, so sind zahlreiche, über einen längeren Zeitraum sich erstreckende Messungen nöthig. Es gilt dabei als ein Vortheil, wenn der scheinbare Durchmesser des Körpers in Folge von Distanzänderungen starke Unterschiede zeigt, da dieser Umstand eine Handhabe bietet, den systematischen Fehlern auf die Spur zu kommen, welche der Messung anhaften.

Unter systematischen Fehlern versteht man solche, welche der Beobachter nicht wohl zu vermeiden vermag, denen er gewissermassen widerwillig unterworfen bleibt. Es sei als Beispiel nur die sogenannte Irradiation erwähnt, welche ein hell erleuchtetes Object auf dunklem Grunde dem Auge grösser erscheinen lässt, als es wirklich ist.

Diese Fehler können natürlich aus einer Beobachtung nicht ermittelt werden, ist aber eine grosse Anzahl derselben vorhanden, welche sich auf verschiedene Abstände des Planeten beziehen, so können wir annehmen, dass der systematische Fehler stets dieselbe Grösse gehabt hat, dass er constant gewesen ist. Nun besitzen wir aber in der Methode der kleinsten Quadrate eine sinnreiche Rechnungsart, welche derartige constante Grössen zu bestimmen gestattet, wenn nur die anderen in Betracht kommenden Quantitäten, also in unserem Falle die scheinbaren Durchmesser in Folge von Distanzänderungen des zu messenden Objectes beträchtliche Schwankungen (Variationen) zeigen.

Da Verfasser bestrebt sein will, einen Einblick in astronomische Operationen auch für den Fernerstehenden zu ermöglichen, so bedarf es wenigstens einer Erklärung der Bezeichnung „Methode der kleinsten Quadrate", denn derartige unaufgeklärte Kunstausdrücke bilden ein Hemmniss für den gewissenhaften Leser.

Es ist unmöglich hier darzuthun, in welcher Weise die Rechnung mit den kleinsten Quadraten ausgeführt wird, aber sie lässt sich doch im Princip andeuten. Besitzen wir eine Anzahl, vielleicht zehn Messungen irgend einer Distanz, z. B. eines Planetendurchmessers, so werden diese zumeist kleine Abweichungen zeigen, die durch die verschiedensten Umstände bedingt sein können. Wünscht man denjenigen Werth zu kennen, welcher nach Massgabe der zehn Messungen die grösste Wahrscheinlichkeit für sich hat, vielleicht der Wirklichkeit vollkommen entspricht oder ihr doch möglichst nahe liegt, so addiren wir die zehn Messungen und dividiren die Summe durch zehn, wir nehmen das arithmetische Mittel. Das letztere hat aber eine sehr anerkennenswerthe Eigenschaft. Wenn wir nämlich die Differenzen berechnen zwischen dem Mittelwerthe und den einzelnen Messungen, multipliciren dann jede dieser Differenzen einmal mit sich selbst, bilden also die Quadrate der Differenzen, so sind dies die kleinsten Quadrate, welche möglich sind. Jeder andere angenommene Werth als das Mittel lässt grössere Quadrate der Differenzen entstehen. Der wahrscheinlichste Werth giebt stets die kleinste Quadratsumme. Dies hat die Grundlage für den Ausbau der Wahrscheinlichkeitsrechnung, der Methode der kleinsten Quadrate gegeben.

Die Ableitung des' arithmetischen Mittels bildet den einfachsten Fall der Wahrscheinlichkeitsrechnung, wir wollen der allgemeinen Verständlichkeit wegen daher bei diesem stehen bleiben, und noch einiger wünschenswerther Kenntnisse gedenken, welche die Methode der kleinsten Quadrate zu Tage fördert. Es ist dies der wahrscheinliche Fehler jeder einzelnen Messung sowie des Endresultates. Diese Quantitäten werden aus den Quadratsummen der Differenzen oder, mit anderen Worten, aus den Summen der Fehlerquadrate abgeleitet und durch Vorsetzen von ± gekennzeichnet, weil naturgemäss der wahrscheinliche Fehler sowohl eine Vergrösserung als eine Verkleinerung bedeuten kann. Bisher haben wir angenommen, dass alle zehn Messungen das gleiche Vertrauen verdienen, ist dies nicht der Fall, ziehen wir einige Messungen vor und taxiren wir andere geringer, so werden die Zahlen mit Gewichten beschwert und zwar in der Weise, dass die guten Messungen mit grösseren, die schlechteren mit kleineren Zahlen multiplicirt werden, was in Wirklichkeit dasselbe ist, als wenn wir eine grössere Anzahl als 10 Messungen ausgeführt hätten, wobei die höher geschätzten Messungen in der Mehrzahl vorhanden sind. Die Ableitung des Mittels kann dann nicht durch Division mit 10 erhalten werden, sondern durch Division mit der Summe der Gewichte.

In vielen Fällen erfordert nun die Bearbeitung astronomischer und physikalischer Beobachtungen nicht nur die Ableitung eines einzigen Mittelwerthes, einer einzigen Constanten, wie in obigem Beispiel, sondern es sollen zugleich mehrere gefunden werden. Die Rechnung wird dadurch verwickelter und zwar in um so höherem Grade, je grösser die Anzahl der Constanten ist. Es ist nöthig, die mathematischen Beziehungen zwischen den Constanten und den directen Beobachtungen festzustellen, was in den sogenannten Bedingungsgleichungen seinen Ausdruck findet, aus deren rechnerischer Verwerthung sich sodann die Constanten nebst ihren wahrscheinlichen Fehlern ergeben. —

Wir wenden uns nun zurück zum Jupiter und betrachten die Werthe, welche für die Durchmesser dieses Planeten gefunden worden und mit welchen wahrscheinlichen Fehlern sie noch behaftet sind. Wie wir schon bei der Abplattung gesehen haben, sind die Dimensionen des grössten der Planeten auch gegenwärtig noch nicht mit der Schärfe anzugeben, als man dies wohl erwarten sollte. Marth hat in seinen Ephemeriden die Werthe von Bessel aus den dreissiger Jahren beibehalten, und müssen wir anerkennen, dass er sich dabei auf eine Autorität allerersten Ranges stützt. Indess wenn wir bedenken, dass mehr als ein halbes Jahrhundert verflossen ist, in welcher Zeit sich die Instrumente wesentlich verbessert und vergrössert haben, so muss es doch auffallen, dass die wenigen Beobachtungen

Bessels noch nicht durch übereinstimmende grössere Messungsreihen zahlreicher Beobachter ersetzt worden sind.

Es giebt stets Gebiete in dem grossen Bereiche der Astronomie, welche etwas in Vergessenheit gerathen, hierzu gehört nicht gerade die Bestimmung von Planeten-Durchmessern überhaupt, wohl aber diejenige des Jupiter. Bei der Dürftigkeit des vorliegenden Materials wollen wir uns daher darauf beschränken, neben den Bessel'schen nur der sorgfältigen Messungen von F. Kaiser zu gedenken, welche dieser Astronom in den Jahren 1856—1862 mit einem Doppelbildmikrometer ausführte. Er erhielt für die Entfernung 5.2028:

Polar-Durchmesser 35″.491

Aequatorial-Durchmesser 37″.673.

Eine Vergleichung mit den Werthen von Bessel ergiebt für den Polar-Durchmesser noch die beträchtlichu Abweichung von mehr als $^1/_4$ Bogensecunde.

Es wurde bisher vermieden, von den in irdischen Massen, z. B. Meilen oder Kilometern, ausgedrückten Grössenverhältnissen der Planeten, insbesondere des Jupiter, zu sprechen. Dergleichen Massangaben erfordern ausser den Winkelwerthen noch die Kenntniss der Entfernung der Erde von der Sonne in Meilen resp. Kilometern, eine Zahl, deren Ableitung auf verschiedenen Wegen erfolgen kann und erfolgt ist, deren Sicherheit aber nicht in dem Masse verbürgt werden kann, als man es bei einer so wichtigen astronomischen Grösse wohl wünschen möchte. Als wahrscheinlichster Werth hat sich nach Wm. Harkness für die mittlere Entfernung der Erde von der Sonne ergeben:

149 340 870 ± 96 101 Kilometer.

Mit Benutzung dieser Zahl ergeben die Messungen von Bessel folgende Werthe für die Durchmesser des Jupiter:

Polar-Durchm. 132 632 km = 17 874 geogr. Meilen
Aequatorial-Durchm. 141 635 „ = 19 087 „ „

Die Unsicherheit in der Kenntniss der Entfernung Sonne—Erde von ± 96 101 Kilometern würde diese Durchmesser um ungefähr 90 Kilometer resp. 12 geogr. Meilen beeinflussen.

Die vorstehende Umrechnung giebt eine geläufigere Vorstellung über die enormen Grössenverhältnisse der im Banne der Sonne durch den Raum eilenden Jupiterkugel, es tritt diese Grösse dann noch mehr hervor, wenn wir uns vergegenwärtigen, dass die Erde einen Durchmesser von nur 1719 geogr. Meilen hat.

Dieses eine Beispiel der Umrechnung in absolutes Mass möge aber dem Leser genügen, es wird in der Folge zumeist davon Abstand genommen werden, da die Winkelmessungen am Himmel den Vorzug grösserer Ursprünglichkeit haben und mit leichter Mühe verwandelt werden können. Der Winkel von einer Bogensecunde entspricht in der mittleren Entfernung Sonne—Erde 724.02 Kilometern resp. 97.57 geogr. Meilen. —

Die Masse des Jupiter beträgt:

$$1 : (1047.55 \pm 0.20),$$

das heisst: die Sonne würde 1047.55 mal schwerer sein als Jupiter, wenn beide Körper auf einer Waage gewogen werden könnten. Da nun das Verhältniss der Erdmasse zur Sonnenmasse 1 : 327214 ist und ferner die Erde*)

*) Die mittlere Dichtigkeit der Erde (Specifisches Gewicht) wurde auf verschiedenen Wegen im Mittel zu 5.576 ± 0.016 gefunden.

$5\,^6/_{10}$ mal schwerer ist als eine gleich grosse Kugel von Wasser, so lässt sich mit Hülfe einer leichten Rechnung*) auch die Dichtigkeit des Jupiter finden, sie beträgt 1.395.

Eine dem Jupiter an Grösse gleiche Kugel aus Wasser bestehend würde demnach nur wenig leichter sein als Jupiter, auch ist die Dichtigkeit des Jupiter nur $^1/_4$ derjenigen der Erde. Das ist aber ein Untersuchungsresultat, welches sehr auffallen muss und zu weiteren Betrachtungen herausfordert. Es ist nicht gut anzunehmen, dass die Masse des Jupiter nur aus leichteren Stoffen bestehen sollte, und dass dergleichen verbreitete Elemente wie Eisen dort gänzlich fehlen. Es ist im Gegentheil mehr als wahrscheinlich, dass die gesammten Glieder des Sonnensystems aus ein und derselben Masse geformt sind, und wenn auch nicht gerade ausgeschlossen ist, dass auf einem planetarischen Körper leichtere Stoffe, z. B. Wasser, vorherrschen, so liegt kein Grund vor, dies gerade bei Jupiter dem gewichtigsten Körper des ganzen Systems, vorauszusetzen. Es dürfte daher erlaubt sein, für das scheinbar so geringe specifische Gewicht des gesammten Jupiterellipsoides einen anderen Erklärungsgrund zu suchen. Forschen wir nach, was aus der Rechnung die geringe Dichtigkeit hervorgehen lässt, so ist es der enorm grosse Durchmesser des Planeten. Hätte Jupiter die Dichtigkeit der Erde, so müsste er uns viel kleiner erscheinen. Besässe die Erde eine sehr hohe Atmosphäre, in welcher eine dichte, die ganze Erde umhüllende Wolkendecke schwebte, so würde ein ausserhalb

---

*) $D = \frac{M}{m} \cdot \frac{\delta^3}{\Delta^3} \cdot d$, worin M und m die Massen, Δ und δ die Durchmesser der Planeten (Jupiter, Erde) und d die Dichtigkeit der Erde bezeichnet. D ist die gesuchte Dichtigkeit.

befindlicher Beobachter den Durchmesser zu gross messen und die Dichtigkeit zu gering berechnen.

Die Beobachtungen des Jupiter haben aber ergeben, dass wir nicht auf einen festen Körper blicken, wie dies z. B. bei Mars der Fall ist, sondern der atmosphärische oder besser gesagt wolkenartige Charakter der äusseren Zone des Planeten, welche für das Auge die Kugel begrenzt, ist nicht zu bezweifeln. Auch ist die Wolkenschicht sehr dicht, sodass kein Blick auf den jedenfalls vorhandenen dichteren Kern möglich ist. Es wäre also nicht undenkbar, dass das geringe mittlere specifische Gewicht des Jupiter sich daraus erklärt, dass ein verhältnissmässig kleiner und dichter Kern vorhanden ist, der durch eine hohe Atmosphäre mit Condensationsproducten, ähnlich unseren Wolken, eingehüllt wird.

Von Interesse ist es zu berechnen, welchen Durchmesser der Planet haben würde, wenn er durchweg aus Granit bestände und keine undurchsichtige Hülle besässe. Wir wählen Granit, weil das specifische Gewicht dieser Gesteinsart (2.64) noch unterhalb der Dichte des Erdmondes liegt, der als leichter und dabei doch massiver Körper bekannt ist.

Eine solche Rechnung ergiebt unter der Voraussetzung kugelförmiger Gestalt einen Durchmesser von 14940 geogr. Meilen. Der beobachtete mittlere Durchmesser des Planeten beträgt 18480 Meilen, sodass die Wolkenschicht in einer durchschnittlichen Höhe von 1770 geogr. Meilen schweben müsste. Dieser Betrag würde sogar noch etwas überschritten werden, wenn das unbekannte Gewicht der Atmosphäre selbst nicht vernachlässigt wird, wie das bei der Rechnung geschah.

Die geforderte enorme Ausdehnung der Atmosphäre bis zum zehnten Theile des Durchmessers giebt einen weiteren Fingerzeig. Sie wird bei starker Wärmewirkung von innen heraus besser erklärlich, und so gelangen wir zu der Ansicht, dass der Planet noch nicht so weit erstarrt ist, als die Erde, dass das feuerflüssige Innere vermuthlich von einer dampfförmigen Schicht der flüchtigeren Stoffe umgeben ist, alles eingehüllt in eine hoch emporgetriebene Zone von Wasserdampf, welche letztere für uns das Sphäroid begrenzt. Unter dieser hypothetischen Annahme wird die aus der Rechnung resultirende geringe Dichte des Planeten erklärlich.

Da diese Hypothese noch durch andere Wahrnehmungen gestützt wird, so wäre es anzurathen, den Jupiter mit empfindlichen Messinstrumenten auf directe Wärmestrahlung zu untersuchen, was bisher noch nicht geschehen zu sein scheint.

Aus dem Vorstehenden erhellt, dass dem Beobachter des Jupiter sich nur die atmosphärischen Zustände des Planeten zur Untersuchung darbieten, die letztere wird daher mehr oder weniger den Character einer meteorologischen Forschung tragen, und es ergiebt sich hieraus die Thatsache von selbst, dass wir die wirkliche Umdrehungszeit des Körpers nicht zu bestimmen vermögen, denn atmosphärische Producte, die in einem Luftmeere schwimmen, werden zwar im Grossen und Ganzen an dem Umschwunge theilnehmen, aber sie werden dabei noch eigene Bewegungen haben, deren Geschwindigkeit veränderlich ist.

Die zahlreichen Rotationsbestimmungen des Jupiter, welche ausgeführt worden sind, haben denn auch Resultate ergeben, deren Uebereinstimmung nur innerhalb weiter Grenzen liegt. Man kann wohl nur sagen, die Umdrehungszeit ist wahrscheinlich nicht grösser als 9^h 56^m und nicht kleiner als 9^h 50^m. Die Mehrzahl von beobachteten Gebilden hat mit etwas besserer Uebereinstimmung eine Rotationszeit von 9^h $55^m.5$ ergeben. Eine Gesetzmässigkeit in diesen Veränderungen der Rotationszeit, wie sie z. B. auf der Sonne stattfindet, wo die Geschwindigkeit der Bewegung vom Aequator gegen die Pole regelmässig abnimmt, konnte bislang nicht nachgewiesen werden, sondern es zeigten benachbarte Gebilde auf gleicher jovigraphischer Breite Differenzen in ihrem Fortschreiten. —

Wir gelangen nun zur Lage der Rotationsaxe des Jupiter im Raume, und dürfte es hier am Platze sein den Leser darüber zu informiren, wie man die Lage einer Planetenaxe im Weltenraume angiebt. Man kann hierbei von der Erdaxe ausgehen und die Lage anderer Axen darauf beziehen. Die auf der Erdaxe senkrecht stehende Aequatorialebene, genügend ausgebreitet, theilt das gesammte Himmelsgewölbe in eine nördliche und südliche Hälfte. Jeder Punkt an diesen beiden Hemisphären lässt sich, wie bereits oben S. 19 mitgetheilt, durch Angabe der Rectascension und Declination messbar bezeichnen, also auch diejenigen beiden Punkte, auf welche die nach Nord und Süd verlängert gedachte Rotationsaxe eines Planeten gerichtet ist. Es genügt schon einen dieser Punkte zu bezeichnen und man wählt dazu gern den Punkt der nördlichen Hemisphäre. Um die Axenrichtung des Jupiter anzugeben ist es also nöthig den Punkt am Himmel zu finden, welchem die über Norden verlängerte Axe zustrebt.

Nun ist es aber für viele Rechnungen vortheilhafter, die Lage der Aequatorialebene des betreffenden Planeten an Stelle der Axenrichtung zu benutzen. Es ist augenscheinlich, dass dies ohne Weiteres möglich ist, denn diese Ebene durchschneidet die Axe unter einem rechten Winkel, und wenn wir die Richtung der Axe wissen, kennen wir auch die Lage der Aequatorialebene. Es bleibt nur übrig sich darüber zu einigen, wie diese Lage zahlenmässig dargestellt werden kann.

Die betreffende Ebene wird gegen eine andere bekannte Ebene (Aequator der Erde) unter einem bestimmten Winkel (i) geneigt sein und beide Ebenen werden eine Linie, ihre Durchschnittslinie, gemeinschaftlich haben (s. Fig. 3). Die letztere hat eine von beiden Ebenen abhängige Richtung im Raume und bezeichnet an der Sphäre die sogenannten Knotenpunkte, d. i. den aufsteigenden und niedersteigenden Knoten (☊ resp. ☋). Zum leichteren Hineindenken in diese räumlichen Verhältnisse ist es vortheilhaft sich die beiden Ebenen, also z. B. den Erd-Aequator und den zu bestimmenden Planeten-Aequator als begrenzte Kreisflächen von gleichem Durchmesser und mit demselben Mittelpunkte vorzustellen. Die beiden Kreise durchschneiden sich dann in zwei gegenüberliegenden Punkten, den Knotenpunkten. Um zu wissen, welcher von den beiden der aufsteigende Knoten ist, muss man berücksichtigen, dass fast alle Bewegungen im Planetensysteme, die Bahnbewegungen der Planeten und der Monde, sowie auch die Rotation der Sonne und der Planeten um ihre Axen, mit wenig Ausnahmen in ein und derselben Richtung erfolgt, auch hierdurch eine Zusammengehörigkeit all dieser Massen bekundend.

Diese einheitliche Bewegung würde für einen Beobachter am Nordpol der Sonne links herum, also entgegengesetzt dem Zeiger einer Uhr, erfolgen. Denkt man sich nun eine durch den Mittelpunkt der Sonne gehende feststehende Ebene, z. B. die Ebene der Erdbahn (Ekliptik), so wird ein Planet, dessen Bahn gegen die Ekliptik geneigt ist, sich in Folge seiner Bewegung um die Sonne bald unter

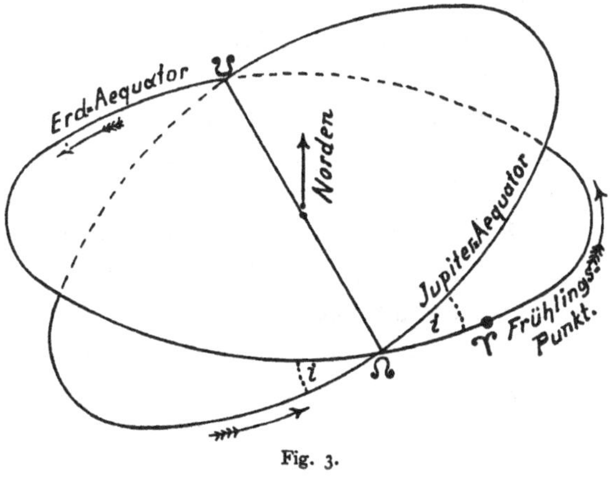

Fig. 3.

der Ekliptik bald über derselben befinden. In dem Momente, wo er für den Beobachter im Norden aus der Ekliptik auftaucht, passirt er den aufsteigenden Knoten, begiebt er sich wieder unter die Ekliptik, so passirt er seinen niedersteigenden Knoten.

Man beschränkt sich auch hier darauf, den aufsteigenden Knoten anzugeben. Dieser Begriff ist für je zwei verschiedene Ebenen anwendbar, in unserem Falle also für

4*

den Erd-Aequator als Fundamentalebene und für den Aequator des Jupiter. Man muss sich hierbei nicht daran stossen, dass die Mittelpunkte der Erde und des Jupiter räumlich weit aus einander liegen, die beiden Ebenen werden, hinreichend ausgebreitet, doch zur Durchschneidung in einer Linie kommen, die der Knotenlinie parallel ist, welche durch den Mittelpunkt der Erde gehend gedacht wurde. Wird eine monocentrische Darstellung vorgezogen, so ist es nur nöthig sich die Aequatorialebene des Jupiter so weit parallel verschoben zu denken, bis sie durch den Mittelpunkt der Erde geht.

Die Lage des aufsteigenden Knotens wird in Graden des Fundamentalkreises angegeben, wobei es nothwendig ist, sich für einen Anfangspunkt der Zählung zu entscheiden. In unserem Falle ist derjenige Punkt des Erdäquators zu bestimmen, welcher Nullpunkt sein soll. Wie bei allen anderen geocentrischen Coordinaten wählt man hierzu den einen Durchschnittspunkt des Aequators mit der Ekliptik (Frühlingspunkt), welcher identisch ist mit dem niedersteigenden Knoten des Erdäquators bezogen auf die Erdbahn als Fundamentalebene.

Der Frühlingspunkt bildet also den Anfangspunkt der Zählung für die zu bestimmende Länge des aufsteigenden Knotens des Jupiter-Aequators.

Statt nun die Lage des Jupiter-Aequators auf den Erd-Aequator zu beziehen, kann er auch auf die Jupiterbahn, auf die Erdbahn oder eine andere convenirende Ebene bezogen werden; die Umrechnung ist keine schwierige, wenn einmal die Neigung und die Länge des aufsteigenden Knotens für eine Ebene in Bogenmass bekannt ist.

Im Folgenden sind nun die von A. Marth berechneten Elemente des Jupiter-Aequators bezogen auf drei verschiedene Ebenen angegeben:

1900, Januar 0.

Aufsteigender Knoten.	Neigung.	
135° 25′ 48″.43	3° 4′ 4″.75	bezogen auf die Jupiterbahn,
336° 21′ 28″.39	2° 9′ 3″.94	„ „ „ Erdbahn,
357° 59′ 29″.93	25° 26′ 11″.69	„ „ den Erdäquator.

Aus den letzten Coordinaten lässt sich ohne Weiteres ablesen, dass der Nordpol des Jupiter Anfang 1900 gegen einen Punkt des Himmels gerichtet ist, der 267° 59′ 29″.93 resp. $17^h\ 51^m\ 58^s$ Rectascension und 64° 33′ 48″.31 nördliche Declination hat, der also im Sternbilde des Drachen nicht allzuweit entfernt von ζ Draconis liegt. —

Es mögen nun die Bildungen näher beschrieben werden, welche in der Jupiteratmosphäre wahrzunehmen sind, und die das äussere Aussehen des Planeten bestimmen. Es wird bei dieser Gelegenheit die Rotationszeit als ein wichtiges Merkmal für die Untersuchung zur Sprache kommen.

Charakteristisch für Jupiter ist die schon mit kleinen Fernröhren wahrnehmbare ausgeprägte Streifung, welche (parallel zum Aequator) gewissermassen die Parallelkreise andeutend, den Planeten umzieht. Diese Erscheinung tritt bei keinem anderen Planeten so stark hervor und ist wohl als eine Wirkung umwälzender Kräfte angesehen worden, welche Massen von geringerer Umschwungsgeschwindigkeit von innen nach aussen treiben, dadurch die beobachteten Differenzen in der Rotationszeit und vermuthlich auch die Streifung hervorrufend. Die Streifung ist in einem gewissen Grade veränderlich, so dass nicht zwei Jupiterzeichnungen verschiedener Epoche gefunden werden können, die sich vollständig gleichen; es giebt Zeiten, in denen der Planet eine sehr mannigfaltige Streifung erkennen lässt und auch solche, in denen diese Erscheinung schwächer hervortritt.

Das Unbeständige dieser Merkmale weist immer wieder darauf hin, dass die Masse des Planeten durch heftige Kraftwirkungen, deren Ursprung nur in der Wärme zu suchen ist, erschüttert wird. Auf der anderen Seite muss es Wunder nehmen, dass manche Erscheinungen in der Atmosphäre des Planeten eine über viele Jahre sich erstreckende Dauerhaftigkeit bekunden.

Die nach den jovigraphischen Breiten zu unterscheidenden Zonen des Planeten sind durch besondere Kennzeichen unterschieden, es existirt sogar ein Unterschied in der nördlichen und südlichen Halbkugel. Bei einiger Kenntniss der Jupiteroberfläche ist es nie möglich die beiden Hemisphären zu verwechseln, sie haben charakteristische Merkmale (s. Fig. 4).

Die Aequatorialgegend wird durch eine ca. 20° breite Zone ausgefüllt, die nach Norden und Süden durch zwei dunkle Streifen, die ungefähr gleich weit vom Aequator abstehen, begrenzt. Zwischen diesen beiden gewöhnlich sehr deutlich hervortretenden Streifen liegt eine Zone, welche mit hellen Wolken länglich-runder Form überzogen ist und die dem Aequator parallel gereiht erscheinen. Innerhalb gewisser Grenzen ändern diese Wolken ihre Form und Gruppirung, jedoch konnten gerade unter ihnen

Jupiter 1891, October 10.

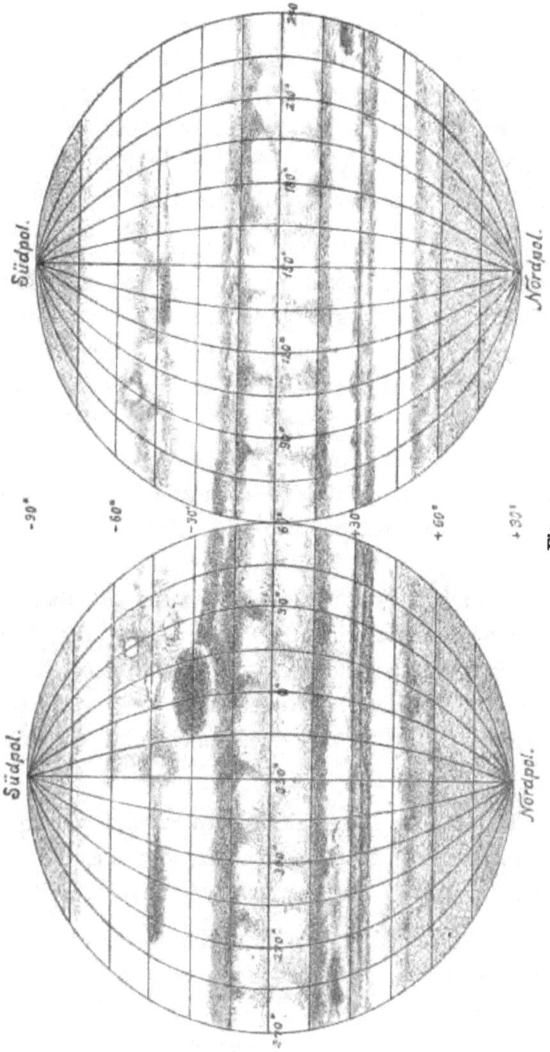

Fig. 4.

sehr beständige Bildungen längere Zeit verfolgt werden, so dass ihre Umdrehungszeit zu bestimmen war. Neben den hellen Wolken und in den Grenzstreifen der Aequatorialzone herrscht die röthliche Färbung vor, jedoch treten zuweilen auch Gebilde auf, die eine graugrünliche Färbung zeigen, die sie allmählig verlieren.

Die Rotationszeit der hellen Aequatorialzone scheint durchweg eine erheblich kürzere zu sein, als aus anderen Gebilden der Jupiteratmosphäre abgeleitet wird. Sie betrug nach den in neuester Zeit an einer gut markirten, daher leicht wieder zu erkennenden Wolke angestellten Beobachtungen ca. $9^h\ 50^m$. Da diese Wolke ihre Bewegung mit bemerkenswerther Gleichförmigkeit fortgesetzt hat, so ist wohl die Idee entstanden, dass $9^h\ 50^m$ die wirkliche Rotationszeit des Planeten sei. Es liegt aber hierfür wohl keine hinreichende Berechtigung vor, immerhin hat diese Wahrnehmung bewirkt, dass A. Marth in seinen Ephemeriden zur Berechnung der Länge des der Erde zugewandten (centralen) Meridians des Planeten den täglichen Rotationswinkel von $878^\circ.25$, welcher der Rotationszeit $9^h\ 50^m\ 15^s.9$ entspricht, für einige Zeit mit eingeführt hat.

Um für die Folge die Ausdrucksweise zu vereinfachen, sollen hier einige Erläuterungen der Begriffe „täglicher Rotationswinkel“ und „centraler Meridian“ gegeben werden.

Es ist von Marth zur Bezeichnung der Umdrehungszeit eines Planeten statt des Zeitmasses das der Rechnung bequemere Bogenmass eingeführt worden. Statt der Rotationszeit von beispielsweise $9^h\ 55^m\ 39^s.7$ benutzt man die Zahl 870°.27, welche angiebt, wie viel Längengrade jeder extrapolare Punkt des Planeten in einem Erdtage, also in 24 Stunden mittlerer Zeit, zurücklegt. Es ist einleuchtend, dass dieser tägliche Rotationswinkel zur Berechnung einer Ephemeride, welcher Erdtage und nicht Jupitertage zu Grunde liegen, geeigneter ist. Die Untersuchung der Bewegungserscheinungen in der Jupiteratmosphäre erfordert es ferner, dass wir uns die Planetenoberfläche in jovigraphische Längen- und Breitengrade eingetheilt denken, genau so, wie dies in der Erdbeschreibung geschieht. Bei den Längengraden muss man sich für einen Nullpunkt, für einen Anfangspunkt der Zählung (auf der Erde z. B. Ferro, Paris oder Greenwich) entscheiden.

Es bietet aber die Jupiteratmosphäre keine festen Punkte dar, alles Wahrnehmbare hat verschiedene Bewegungen, man muss sich daher auf andere Weise helfen. Wir können uns stets die beiden Mittelpunkte von Erde und Jupiter durch eine gerade Linie (Visionsradius) verbunden vorstellen. Diese Linie schneidet die Oberfläche des Jupiter beim Ein- und Austritt in zwei Punkten, durch welche eine Meridianebene gelegt werden kann, d. h. eine Ebene, die ausser den beiden Punkten noch die beiden Pole des Planeten einschliesst. Dieser Meridian wird der „centrale Meridian" genannt. Bei der Bahnbewegung von Erde und Jupiter ändert sich die Richtung des Visionsradius im Raume fortwährend. Selbst unter der Voraussetzung, dass Jupiter sich nicht um sich selbst drehte, wird der centrale Meridian stets eine andere Gegend der Jupiteroberfläche durchschneiden. Der gesuchte

Nullpunkt ist daher noch nicht festgelegt. Er wird es aber, wenn wir hinzufügen, dass in einem bestimmten Zeitpunkte die Länge des centralen Meridians o° war. Es ist dies eine willkürliche Annahme, aber wir können für alle vergangenen und kommenden Zeiten daran festhalten und zur Bestimmung jovigraphischer Längen mit einer angenommenen unveränderlichen Rotationszeit weiter rechnen.

Es bleibt uns überlassen zu entscheiden, nach welcher der beiden möglichen Richtungen diese Längen zu zählen sind, man ist jedoch übereingekommen sie stets entgegen der Rotation zu zählen, und nicht vom o-Meridian aus nach beiden Richtungen, wie dies zumeist auf der Erde geschieht. Wenn Jupiter zu irgend einer Zeit beobachtet wird und es ist erwünscht zu wissen, welcher Länge irgend ein wahrgenommenes Object in dem angenommenen Gradnetz entspricht, so muss berücksichtigt werden, dass sich die Standorte von Erde und Jupiter seit dem angenommenen Zeitpunkte verschoben haben, und dass ausserdem der Planet sich fortwährend um seine Axe gedreht hat. Der letztere Umstand erscheint auf den ersten Blick bedenklich, da die Umdrehungszeit nicht genau bekannt ist. Es genügt aber die Annahme einer mittleren Rotationszeit vollständig zur Orientirung, wenn nur diese Zeit unverändert beibehalten wird.

Es ist mit Sicherheit anzunehmen, dass der Kern des Jupiter gleichförmig rotirt, ebenso wie die Erde, Mars etc., sollte die Geschwindigkeit dabei etwas verschieden von der angenommenen sein, so ist dies für das Studium atmosphärischer Erscheinungen, mit denen wir es nur zu thun haben, unerheblich. Immerhin wird der Leser aus dem Vorstehenden entnehmen können, dass die Berechnung der jovigraphischen Längen des centralen Meridians für irgend ein Zeitmoment eine ganze Anzahl von Daten erfordert und nicht so schnell ausgeführt ist. Die Ephemeriden von Marth, von denen oben S. 32 ein Stück in gekürzter Form zu finden ist, überheben uns dieser Arbeit, indem sie die Länge des centralen Meridians für den Mittag von Greenwich für jeden zweiten Tag bis auf Hundertstel Grade genau angeben, so dass die betreffenden Längen für zwischenliegende Zeiten leicht berechnet werden können.

Die Meridianlängen gelten für die Mitte der voll erleuchteten Scheibe, es ist aber eine „Correction wegen Phase“ beigegeben, da die Beobachtungen zumeist nur auf die unvollständig erleuchtete Planetenscheibe bezogen werden können.

Die nach einer Gradeintheilung angegebenen Positionen eines Gebildes der Jupiteratmosphäre geben ein viel übersichtlicheres Bild von der Eigenbewegung, als wenn wir erfahren, dass der betreffende Gegenstand einmal $9^h\ 50^m\ 15^s$, das andere Mal $9^h\ 50^m\ 30^s$ Zeit zu einer Umdrehung gebraucht hat. Hierin ist der Grund dafür zu suchen, dass wir bei diesem Gegenstande länger verweilten. —

Die nördliche Halbkugel des Jupiter unterscheidet sich gegenwärtig von der südlichen dadurch, dass die Polargegend dunkler schattirt ist. Diese Schattirung erstreckt sich bis zu einer Breite von ungefähr $+32^\circ$ und ist dann gewöhnlich noch durch einen dunkleren Streifen begrenzt. Es ist schwer für diese Verschiedenheit der Polgegenden eine

Erklärung zu finden, auch ist es nicht erwiesen, dass sie für immer in derselben Weise bestehen bleibt, aber seit einer grösseren Reihe von Jahren ist sie stets zu bemerken gewesen. In + 22° Breite ist ebenfalls seit längerer Zeit ein stärkerer Streifen zu beobachten, der ab und zu doppelt wird, und den die Engländer gegenwärtig „temperate belt“ nennen (s. Fig. 4).

Die südliche Halbkugel zeigt eine viel grössere Abwechselung und Mannigfaltigkeit in der Streifenbildung als die nördliche, es kommen dort sehr interessante Bildungen vor, zu denen auch der vielgenannte rothe Fleck gehört, der seit 16 Jahren von den Astronomen verfolgt wird. Dieser Fleck sowohl als die Reichhaltigkeit der atmosphärischen Formationen der südlichen Halbkugel lassen darauf schliessen, dass die Gegenden des Planeten südlich vom Aequator gegenwärtig der Schauplatz von Umwälzungen sind, jedoch muss es der Phantasie überlassen bleiben sich ein Bild von den Vorgängen zu machen, welche die Wolkendecke des Planeten verhüllt.

Der rothe Fleck entstand wohl im Jahre 1878, wenigstens reichen die Beobachtungen desselben nicht weiter zurück. Er hatte damals noch keine exakt begrenzte Form, dieselbe entwickelte sich erst allmählich zu einem ziemlich regelmässigen Oval, dessen Länge etwas variabel war, aber sich doch nicht sehr weit von 35° entfernte. Die Ausdehnung in meridionaler Richtung betrug ca. 12°.

Der Fleck hatte auf dem Höhepunkte seiner Entwickelung eine deutlich rothe Färbung, die zuweilen etwas verblasste oder gelblich wurde, dann aber wieder kräftiger hervortrat, sodass aufgestellte Prognosen über das Verschwinden des Fleckes nicht eintrafen.

Lange Zeit war der rothe Fleck die auffälligste Erscheinung in der Jupiter-Atmosphäre, während er Ende 1893 kaum noch wahrgenommen werden konnte. Sein Abstand vom Aequator des Planeten hat sich während der vielen Jahre nicht merklich geändert und wurde vom Verfasser durch mikrometrische Messung zu -21° bestimmt.

Der rothe Fleck ist von vielen Beobachtern verfolgt worden und es existirt in den verschiedensten Werken und Zeitschriften zerstreut ein reichhaltiges Material zur Bestimmung der Rotationsdauer des Fleckes. Diese Beobachtungen erfolgten zumeist in der Weise, dass die Zeiten notirt wurden, zu denen der Fleck auf der Mittellinie der Scheibe stand, also sein Mittelpunkt den centralen Meridian passirte. In den allermeisten Fällen geschah diese Beobachtung durch Abschätzung, ohne weitere mikrometrische Hülfsmittel, und es kann daher nicht Wunder nehmen, dass die Zeitangaben verschiedener Beobachter für ein und dieselbe Passage zuweilen um mehrere Minuten von einander abweichen.

Zur Erzielung grösserer Genauigkeit wäre die mikrometrische Bestimmung des Abstandes des Fleckes von dem voll erleuchteten Planetenrande nöthig gewesen, aber das Beobachtungsmaterial würde dann bei weitem nicht so reichhaltig ausgefallen sein, da viele Beobachter an den Instrumenten keine Mikrometer haben.

Die taxirten Meridianpassagen erfordern eben nur eine gutgehende Uhr als Mittel zur Messung. Die rasche

Umdrehung des Planeten ist dabei sehr zum Vortheil der Genauigkeit.

Im Laufe der Beobachtungen stellte es sich nun sehr bald heraus, dass der Fleck seine Umdrehungszeit änderte, mit anderen Worten, dass er auf der angenommenen gleichmässig rotirenden Oberfläche seinen Ort verliess. Die Rotationsbestimmungen aus verschiedenen Sichtbarkeitsperioden ergeben Resultate, die zwar alle zwischen $9^h\ 55^m$ und $9^h\ 56^m$ liegen, aber innerhalb dieser Grenzen von einander abweichen, und zeigte es sich, dass die Zeitdauer einer Umdrehung allmählich kleiner wurde. Es musste nun wünschenswerth erscheinen das Gesetz dieser Abnahme festzustellen, was deshalb nicht ganz einfach war, als in den Ephemeriden die angenommene Rotationszeit des Planeten mehrfach Wandelungen erfahren hatte, um die Ephemeriden der Bewegung des rothen Flecks, der so viel beobachtet wurde, möglichst anzupassen.

Verfasser hat es übernommen die mit Hülfe der Ephemeriden gefundenen jovigraphischen Längen so zu reduciren, dass diese Längen auf einen gleichförmig rotirenden Körper bezogen erschienen, und dabei stellte sich die höchst interessante Thatsache heraus, dass die Eigenbewegung des Flecks sich seit 1878 in gesetzmässiger Weise verlangsamt hatte. Nicht im einfachen Verhältnisse zur Zeit, sondern anfangs sehr stark, später etwas weniger und in der Neuzeit kaum merklich. Die ganze Bewegungserscheinung ist so regelmässig erfolgt, dass man mit Hülfe eines mathematischen Ausdruckes für jeden Tag der verflossenen 16 Jahre die Stellung des Flecks berechnen kann.

Die folgenden Zahlen stellen die jovigraphischen Längen dar, welche der Fleck zu den angegebenen Zeitepochen innegehabt hat. Der Leser wird aus denselben das Zutreffende obiger Darlegungen entnehmen können.

1878	Aug. 25.	249°.5	1886	April 10.	8°.3
„	Nov. 10.	237°.1	1887	April 10.	2°.9
1879	Sept. 25.	182°.7	1888	April 10.	358°.9
„	Nov. 30.	172°.1	1889	April 10.	357°.0
1880	Sept. 15.	128°.5	„	Juli 15.	356°.8
1881	Sept. 15.	89°.2	1890	Oct. 10.	350°.3
1882	Febr. 22.	78°.0	1891	Juni 25.	352°.2
1883	Febr. 22.	50°.4	„	Oct. 10.	352°.9
1884	Febr. 22.	32°.6	1892	Sept. 10.	355°.1
1885	April 10.	15°.8			

Die Zahlen bekunden, dass der Fleck im Laufe der Jahre an verschiedenen Stellen des Planetenumfanges gestanden hat, und dass man nicht annehmen kann, der Fleck sei dauernd mit einer Gegend der inneren gleichförmig rotirenden Kugel im Zusammenhange geblieben. Hierdurch ist aber nicht ausgeschlossen, dass der Fleck trotzdem eruptiven Ursprunges sein kann. Die Umdrehungsgeschwindigkeit des Fleckes entspricht gegenwärtig (1893) ziemlich genau den neueren Ephemeriden von Marth, resp. dem täglichen Rotationswinkel von 870°.27 und der Umdrehungszeit von $9^h\ 55^m\ 39^s.7$.

In der Nachbarschaft des rothen Fleckes konnten bei günstiger Luftbeschaffenheit zuweilen kleine rundliche Wolken bemerkt werden, welche ihre Lage gegen den Fleck allmählig veränderten, also eine andere Geschwindigkeit besassen. Siehe oben die Darstellung der Jupiteroberfläche S. 55.

Nach dem Bekanntwerden mit den mannigfaltigen Bildungen in der Jupiteratmosphäre wird es einleuchten, dass die zeichnerische Darstellung des Jupiter eine grosse Rolle in der physikalischen Erforschung des Planeten zu spielen bestimmt war. Die Zeichnung war bisher das einzige Mittel der Nachwelt eine Vorstellung von den vergangenen Erscheinungen zu geben. Die Correctheit von Zeichnungen ist aber abhängig von der Uebung des Beobachters in dieser Kunst, so dass es schwer hält die zahlreichen vorhandenen Zeichnungen als gleichwerthig anzusehen. Die Verwerthung graphischer Darstellungen als Grundlage zur Rechnung ergiebt nie befriedigende Resultate. Es wäre daher wohl besser gewesen die Zeichnungen auf die Grundlage mikrometrischer Messung zu stellen, da ja die Scheibe des Planeten in geeigneten Fernröhren gross genug erscheint, um derartige Messungen anzustellen. Leider ist von dieser exacten Methode der Untersuchung bisher bei Jupiter wenig Gebrauch gemacht worden.

In der Neuzeit hat man begonnen die Photographie diesem Zweige der Wissenschaft dienstbar zu machen, es gehört aber hierzu schon ein recht mächtiges Instrument. Ein Fernrohr von $5^1/_2$ Meter Brennweite würde ein 1 Millimeter grosses Bildchen des Planeten entwerfen, sofern wir den scheinbaren Durchmesser desselben zu $37''.6$ annehmen. Ein so winziges Bild ist aber ungeeignet, um Studien daran anstellen zu können. Bei directer Ocularbeobachtung wird dieses kleine Bild durch das Ocular stark vergrössert, wodurch die Einzelheiten hervortreten. Die Photographie lässt sich aber nachträglich nicht mit so starken Lupen vergrössern, da die photographische Schicht nicht feinkörnig genug ist. Das im Brennpunkt eines Fernrohrs aufgenommene Bild des Planeten erscheint schon unter einer zehn Mal vergrössernden Lupe wie eine grobe Lithographie, in der feinere Einzelheiten nicht zu erkennen sind.

Es ist aus diesem Grunde nothwendig direct vergrösserte Bilder mit dem Fernrohr aufzunehmen und ist dies dem Verfasser auch bereits vor einer längeren Reihe von Jahren, durch Einschaltung einer Concavlinse in den Strahlenkegel des Objectivs, gelungen. In derselben Weise, aber mit geeigneterem Instrumente hergestellte Jupiterbilder finden wir in dem kleinen interessanten Werke „La photographie astronomique par M. le Contre-Admiral E. Mouchez, Paris 1887". Die prächtigen Abbildungen dieses Buches rühren von den Herren Gebrüder Henry her, welche das zu ihren bewunderungswürdigen photographischen Arbeiten benutzte Objectiv selbst hergestellt haben. Der Aequatorial-Durchmesser dieser Bilder ist ca. 13 mm gross und treten mit Deutlichkeit die Details der Jupiterscheibe hervor. Der rothe Fleck und die demselben entsprechende Ausbuchtung der Aequatorialzone ist bei den Aufnahmen vom 21. April 1886 sehr scharf wiedergegeben, und erkennt man an den 8 Abbildungen, welche im Laufe einer Stunde hergestellt wurden, die fortschreitende Rotationsbewegung des Flecks.

In der jüngsten Zeit sind auch auf der Lick-Sternwarte in Californien mit dem dortigen grossen Instrumente photographische Aufnahmen des Jupiter hergestellt worden, die nahezu einen Zoll Durchmesser besitzen. Durch die freundliche Vermittelung der Verlagshandlung hatte Verfasser Gelegenheit einige dieser Aufnahmen aus den Jahren 1890 und 1892 zu sehen. Der Massstab derselben

Fig. 5.

ist ein solcher, dass man die feinsten Einzelheiten der Jupiterscheibe würde ohne Lupe erkennen können, indess die Schärfe der Bilder geht nicht so weit. Es sind wohl die hauptsächlichen Streifen und Formen wiedergegeben, aber bei ruhiger Luft ergiebt die directe Beobachtung mit dem Auge ein weit reichhaltigeres und schärfer definirtes Bild des Planeten. Die gewöhnliche Beobachtungsmethode wird auf diesem Gebiete wohl kaum je entbehrt werden können.

Es möge am Schlusse dieses Abschnittes noch eine Zeichnung des Jupiter Platz finden (Fig. 5), die am 10. Juli 1889 von E. Keeler mit dem 36zölligen Refractor der Lick-Sternwarte hergestellt wurde und ein an Einzelheiten reiches Bild des Planeten ist.

Die Monde des Jupiter.

Man kannte seit Erfindung des Fernrohrs vier dieser Körper, neuerdings ist auf der Lick-Sternwarte mit Hülfe des dortigen Riesenfernrohrs ein fünfter aufgefunden worden. Dass dieser fünfte Mond sich so lange der Wahrnehmung entziehen konnte, ist eine Folge seiner Kleinheit und seiner Nähe an dem ihn überstrahlenden Centralkörper.

Die alten vier Monde sind leicht zu beobachten und erfordern nur äusserst geringe optische Mittel zu ihrer Auffindung. Es genügt dazu schon die Verwendung eines Opernglases. Man bezeichnet diese Monde durch die Zahlen I—IV, gemäss der Reihenfolge ihres Abstandes vom Centralkörper; sie bieten in ihren verschiedenen Stellungen Gelegenheit zu mannigfaltigen Beobachtungen. Wir sehen die Vorübergänge dieser Monde vor der Scheibe des Planeten, ihren Eintritt in den Schatten, den der von der Sonne bestrahlte Planet wirft, wodurch sie unsichtbar werden, ferner ihren Austritt aus dem Schattenkegel resp. ihr Wiedererscheinen. Auch die Schatten der Monde werden als tiefschwarze Punkte auf dem Jupiter mit Leichtigkeit wahrgenommen.

Es können die Zeiten vorausberechnet werden, in denen diese wechselnden Phänomene eintreten. Die „Astronomischen Jahrbücher“, insbesondere der „Nautical Almanac“, führen genau Buch über die Erscheinungen der Jupiter-Trabanten und geben schon vier Jahre voraus für jeden Tag die Zeiten an, in denen die vier Monde und ihre Schatten in beobachtungsfähige Beziehung zum Hauptkörper treten.

Die Aufzeichnung derartiger Erscheinungen hat seiner Zeit die Grundlagen für Ermittelung der Mondbahnen gegeben, es ist aber durchaus nothwendig, dass die Stellungen der Jupitersatelliten gegen den Hauptkörper noch fortgesetzt beobachtet werden, da sich gezeigt hat, dass die Verhältnisse im Jupitersystem noch nicht hinreichend genau ermittelt sind.

Marth äussert sich hierüber in dem 51. Bande der „Monthly Notices“ der Astronomischen Gesellschaft in London folgendermassen:

„Unsere gegenwärtige Kenntniss des Jupitersystems befindet sich in einem seltsam unfertigen Zustande. Während alle anderen Zweige der astronomischen Wissenschaft grosse Fortschritte in den letzten 50 Jahren gemacht haben, insbesondere die Bahnen aller anderen Satelliten besser bekannt geworden sind, so ist thatsächlich keine Entwickelung in unserer Kenntniss der Bewegung der Jupitermonde zu bemerken.“

Der genannte Gelehrte geht nun näher auf die Ursachen dieses unbefriedigenden Zustandes über und giebt die Hülfsmittel zu seiner Beseitigung an. Wir müssen es uns versagen hierauf näher einzugehen, da Fragen berührt werden, die eine Bekanntschaft mit den höchsten Aufgaben der Astronomie voraussetzen, und wollen nur Einiges zur Orientirung hinzufügen.

Der Jupiter bildet mit seinen Monden gewissermassen eine Welt für sich, in welcher natürlich all die Gesetze zur Geltung kommen, die im Sonnensystem herrschen und deren Auffindung an die berühmten Namen Copernicus, Keppler, Newton geknüpft ist. Die Anwendung dieser Gesetze auf das Jupitersystem hat nun ergeben, dass die Bewegungsverhältnisse daselbst nicht einfacher Art, sondern sehr verwickelt sind, sodass die mathematische resp. analytische Behandlung derselben so hohe Anforderungen stellt, dass sie zu den höchsten Problemen der Wissenschaft gerechnet werden muss, an deren Lösung nur Wenige heranzutreten berufen sind.

Die Bewegungen der Jupitermonde zeigen die mannigfaltigsten Ungleichheiten, jeder Mond wird, sofern wir von dem fünften bisher nicht in Betracht gezogenen absehen, zum mindesten in fünffacher Beziehung in seinem Laufe gestört, nämlich durch die in veränderlicher Weise zur Wirkung kommende Anziehungskraft der Sonne, der drei anderen Monde und des Jupiter selbst. Die Anziehung des letzteren ist ausserdem variabel, weil der Planet keine Kugelform besitzt, sondern abgeplattet ist, sodass die Schwerkraft am Aequator anders wirkt als an den Polen.

Diesen wechselnden Einwirkungen ist jeder Mond in seiner Bahn ausgesetzt und es dürfte wohl schon aus einem oberflächlichen Ueberblick zu folgern sein, wie verwickelt die mathematische Ausdrucksweise sich gestalten muss, um allen Consequenzen gerecht zu werden, und die Vorausberechnung der Finsternisse und anderer Erscheinungen mit Sicherheit auf Jahrzehnte hinaus zu ermöglichen.

Delambre*) und Damoiseau**) waren die Ersten, welche im Anfange dieses Jahrhunderts die Aufgabe lösten, und die Tafeln des Letzteren haben noch bis in die allerneueste Zeit Gültigkeit gehabt. Es zeigten aber schliesslich die nach diesen Tafeln vorausberechneten Erscheinungen zu grosse Differenzen mit der directen Beobachtung, so dass eine Neubearbeitung des Gegenstandes auf unabhängiger Grundlage nothwendig erscheinen musste. Dass dies bisher nicht erfolgt ist, sondern dass man versucht hat, auf der nicht mehr sicheren Grundlage weiter zu bauen, wird von Marth getadelt, wenn er an der bereits angegebenen Stelle schreibt: „Keines der Bureau's, wo die Finsternisse berechnet werden, hat gewagt den eingeschränkten künstlichen Pfad zu verlassen, welcher von Damoiseau's Tafeln vorgeschrieben ist, und statt dessen einen unabhängigen Curs einzuschlagen. Der letztere würde die Mittel geboten haben, genaue Oerter der Satelliten zu berechnen und die Beobachtungsresultate zur Correction der angenommenen Bahnelemente und anderer Constanten geeignet gemacht, ausserdem aber gestattet haben, die Finsternisse und andere Erscheinungen der Monde mit jedem Grade erreichbarer Genauigkeit voraus zu berechnen. In Folge davon, dass solche Hülfsmittel in keiner der Ephemeriden geboten wurden, sind die zahlreichen Satelliten-Beobachtungen der letzten 50 Jahre unberechnet

*) Delambre, Tables ecliptiques des Satellites de Jupiter, Paris 1817.

**) Damoiseau, Tables ecliptiques des Satellites de Jupiter, Paris 1839.

geblieben und haben nicht zu einer besseren Kenntniss des Jupitersystems beigetragen. Ausserdem sind die von Delambre und Damoiseau aus vorhergehenden Finsternissbeobachtungen abgeleiteten Resultate einfach auf Treu und Glauben angenommen worden, der Beweis, auf den sie gegründet sind, ist unbekannt".

Von der Erforschung der Satellitenbewegungen und ihrer Ungleichheiten hängt auch die genaue Kenntniss der Lage des Jupiteräquators resp. der Jupiteraxe im Raume ab. Jedenfalls kann man nicht erwarten, die Lage dieser Axe auf anderem Wege sicherer zu bestimmen, wennschon es nicht ohne Interesse wäre, die Positionswinkel der Jupiterstreifung, die im Allgemeinen dem Aequator parallel verläuft, zu messen und somit die Grundlagen für eine unabhängige Bestimmung der Axenlage zu schaffen. Beim Planeten Mars ist man auf diese Methode bisher beschränkt gewesen, und es darf wohl behauptet werden, dass die Positionswinkel der Jupiterstreifung sich sicherer finden lassen, als diejenigen der polaren Schneeflecken des Mars. — Die Jupitermonde werden in grösseren Fernröhren deutlich als Scheibchen gesehen, deren Durchmesser aber der Kleinheit wegen nicht leicht mit Sicherheit zu bestimmen sind. Passiren die Monde die Jupiterscheibe, so erscheinen sie in der Nähe des Randes hell, verschwinden aber nach Ueberschreiten der Randzone des Planeten, woraus augenscheinlich hervorgeht, dass die Scheibe nicht gleichmässig hell ist, dass an den Rändern eine bemerkenswerthe Schwächung des Lichtes stattfindet*), die wohl nur durch

*) Es ist dies auch ohne Zuhülfenahme eines Mondvorüberganges direct zu erkennen.

das Vorhandensein einer durchsichtigen Atmosphäre erklärt werden kann. Wir müssen beachten, dass eine vorhandene Gasschicht die Wolkendecke des Planeten zwar gleichmässig umgiebt, dass aber die parallel auffallenden Sonnenstrahlen, ehe sie zurückgeworfen werden, am Rande der erleuchteten Hemisphäre tiefere Schichten zu durchdringen haben, als in der Mitte, genau so wie dies auf der Erde bei Auf- und Untergang der Sonne der Fall ist. Beim Jupiter kommt dann noch hinzu, dass die Lichtstrahlen nach der Zurückwerfung nochmals den absorbirenden Wirkungen der Jupiteratmosphäre ausgesetzt sind und die Lichtschwächung doppelt stattfindet. Da blaue Strahlen stärker verschluckt werden als rothe, so macht sich die erwähnte Abstufung bei photographischen Aufnahmen besonders bemerklich, und erhält man bei knapper Belichtungszeit leicht Scheiben von zu kleinem Durchmesser und vermuthlich auch unrichtiger Abplattung.

Als Consequenz der Annahme einer durchsichtigen Luftzone über dem Jupitersphäroid muss es betrachtet werden, dass die Monde, wenn sie hinter die Scheibe treten (Occultation), ohne vorher in den Schattenkegel des Planeten einzutauchen, eine scheinbare Aenderung ihres Ortes resp. ihrer Gestalt erfahren, da das von ihnen ausgehende Licht in der Jupiteratmosphäre eine Ablenkung (Refraction) erfährt.

Von den vier seither bekannten Monden ist der III. der hellste, dann folgt der I., II. und IV. Sie gleichen Sternen 5. bis 6. Grösse. Der neu entdeckte 5. Mond ist nur in den grössten Instrumenten wahrzunehmen, also unvergleichlich viel schwächer. Was die Grösse der Satelliten anbelangt, so ist der III. der grösste, der IV. wenig kleiner, der I. und II. beträchtlich kleiner.

W. H. Pickering hat neuerdings auf einer für astronomische Beobachtungen besonders günstigen Station, einer neuen Bergsternwarte in 2457 Meter Höhe bei Arequipa in Peru, die Jupitermonde einem besonderen Studium unterworfen und berichtet über sehr wunderbare, bisher unbekannte Erscheinungen an denselben. Er fand den I. Mond nicht immer kreisrund, sondern bisweilen oval, woraus gefolgert wurde, dass dieser Mond eiförmig gestaltet ist und sich um eine Axe dreht, die nicht mit der Längsaxe des Eies zusammenfällt. Es gelang durch regelmässige Beobachtung dieser wechselnden Formen festzustellen, dass die Rotationsdauer des I. Mondes $13^h\ 3^m$ beträgt. Auch bei den übrigen drei Monden wurden in regelmässigen Zwischenräumen Gestaltsänderungen wahrgenommen, die wahrscheinlich durch Rotationsbewegungen bedingt sind.

Diese wunderbaren Wahrnehmungen weisen darauf hin, wie wichtig es ist, das Planetensystem in physikalischer Beziehung weiter zu erforschen und nicht anzunehmen, dass auf diesem Gebiete Neues kaum gefunden werden könne. Wie viele Beobachter, die sich mit den Jupitermonden beschäftigten, sind nicht auf den Gedanken gekommen, diese Körper auf periodische Gestaltsveränderungen zu untersuchen, obgleich die elliptische Form des III. Mondes schon gelegentlich bemerkt wurde.

Der Glanz der Jupitermonde ist schon früher in vergleichender Weise gemessen worden und es ist augenscheinlich, dass diese photometrischen Untersuchungen von den Gestaltsveränderungen der Satellitenscheiben beeinflusst sein müssen, und dass sie daher eine Bestätigung der Wahrnehmungen Pickerings würden bilden können.

Unerklärliche Lichtschwankungen besonders bei dem III. Monde sind seiner Zeit von Engelmann constatirt worden.

Die neuen Beobachtungen in Arequipa bestätigen auch für Mond I, III und IV die schon früher vermutheten und wohl auch beobachteten Flecken auf den Satellitenscheiben, auf Mond II konnte nichts der Art wahrgenommen werden.

Die Dichtigkeit der Jupitermonde, verglichen mit Wasser, hat sich aus den Messungen ihrer Durchmesser als sehr gering herausgestellt. Das specifische Gewicht des I. Satelliten ist nach Pickering geringer als 1.5, dasjenige des II. geringer als 2.5, während der III. und IV. Mond dazwischen liegen. Wir haben oben die Dichtigkeit des Centralkörpers zu 1.4 berechnet und scheint daher der nahestehende I. Mond dem Jupiter in der Constitution zu gleichen.

Pickering wird durch diese geringe Dichtigkeit zu der Vermuthung geführt, dass die Monde nur zusammengeballte Meteormassen seien, ähnlich dem Ringe des Saturn.

SATURN.

Die Gestalt dieses Planeten ist eine von allen anderen Gliedern des Planeten-Systems abweichende, und bietet dieser Körper ein erhabenes und interessantes Bild der Gestaltungsweise des im Weltenraume schwebenden und den Naturgesetzen unterworfenen Stoffes.

Wir bemerken in einem guten Fernrohr eine stark abgeplattete Kugel, die ein schmaler, vom Centralkörper getrennter Ring umschwebt. Die Abplattung ist beim Saturn noch erheblich grösser als beim Jupiter, und scheint die Aequatorialebene des Planeten mit der Ebene des Ringes zusammenzufallen. Bessel hat in den Jahren 1830—1833 zahlreiche Messungsreihen über die Dimensionen des Saturn angestellt, und ergiebt sich aus denselben das Verhältniss 0.9020 des Polar-Durchmessers zum Aequatorial-Durchmesser, was einer Abplattung von $\frac{1}{10.20}$ entspricht*), Kaiser fand 1862—63 $\frac{1}{9.18}$. Das Verhältniss der beiden Axen der Saturnscheibe kann eigentlich nur dann mit Vortheil bestimmt werden, wenn der Ring des Planeten als gerade Linie erscheint, da er in anderen Lagen die Messungen beeinflusst. Ist der Ring stark geöffnet, so kann die Ausmessung des Polar-Durchmessers ganz unmöglich werden, weil die nördliche resp. südliche Polargegend des Planeten vom Ringe verdeckt wird.

Die Grössenverhältnisse des Saturn-Systems sind von zahlreichen Beobachtern ausgemessen worden, wir beschränken uns darauf für die folgende Zusammenstellung nur vier der hauptsächlichsten auszuwählen.

*) A. Marth nimmt in seinen Ephemeriden 0.900 hierfür an.

Dimensionen des Planeten Saturn und seines Ringes.

Zeit	Beobachter	Polar-Durchmesser	Aequatorial-Durchmesser	Aeuss. Ring-Durchmesser	Cassini's Theilg.	Innerer Ring-Durchmesser	Innerer Rand des dunklen Ringes Durchm.	Mess-Instrument
		″	″	″	″	″	″	
1830—33	Bessel	15.38	17.05	39.31	—	—	—	Heliometer
1852	O. Struve	—	17.59	39.73	34.63	24.90	20.83	Faden-Mikrometer.
1862—63	F. Kaiser	15.39	17.27	39.47	34.23	27.86	—	Doppelbild-Mikrometer.
1886	A. Hall	—	17.72	40.45	34.53	25.75	20.52	Faden-Mikrometer.

Die vorstehenden Messungen sind reducirt auf die Entfernung*) 9.5388 des Planeten von der Sonne, sodass sie direct vergleichbar sind. Zum Verständniss einiger Ueberschriften ist es nöthig zu bemerken, dass der Saturnring nicht gleichförmig ist, sondern verschiedene Zonen hat, auf die wir weiter unten nochmals zurückkommen werden. Der Ring hat z. B. eine schmale Trennung, deren Breite ungefähr 0″.4 beträgt und die den Namen Cassini'sche Theilung führt (s. Fig. 6). Auch verläuft der dem Planeten zugekehrte innere Rand des hellen Ringes nicht scharf, sondern geht in eine Zone von geringerer Helligkeit über, die man den dunklen Ring genannt hat.

Hinsichtlich der Reduction der Messungen an der Saturnkugel ist zu bemerken, dass der Aequatorial-Durchmesser durch die Phase beeinflusst wird, aber auch

*) Siehe oben S. 37.

der Polar-Durchmesser bedarf zumeist einer Correction*), da die Axe des Planeten beträchtlich gegen die Gesichtslinie geneigt sein kann (Elevationswinkel) und sich in Folge der starken Abplattung der Polar-Durchmesser des Planeten messbar vergrössert.

Die Masse des Saturn, einschliesslich seines Ringes, verhält sich zur Sonnenmasse wie

$$1 : (3501.6 \pm 0.78),$$

sie beträgt demnach nur ungefähr $^1/_3$ der Jupitermasse. Die Dichtigkeit des Planeten ist noch beträchtlich geringer

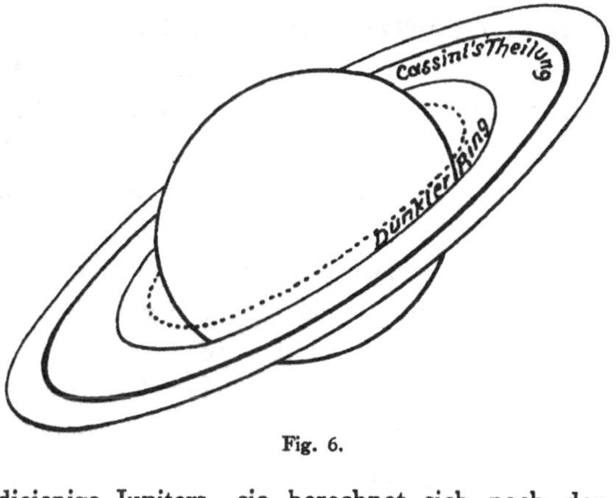

Fig. 6.

als diejenige Jupiters, sie berechnet sich nach der oben S. 46 angegebenen Formel zu 0.757. Der Planet würde demnach, von gleichförmiger Masse gedacht, leichter als

*) Man bedient sich hierzu des von Bessel abgeleiteten Factors:

$$\frac{\sqrt{(1 - e^2)}}{\sqrt{(1 - e^2 \cos^2 b)}},$$ worin e die Excentricität des Sphäroides und b den Elevationswinkel der Erde über der Ebene des Saturnäquators resp. -Ringes bedeutet.

$e = \sqrt{1 - (0.900)^2}$. Siehe S. 75, Anmerkung.

Wasser sein. Jedenfalls finden aber auch hier ähnliche Verhältnisse statt, wie wir sie bei Jupiter gezwungen waren anzunehmen, nämlich das Vorhandensein einer dichteren Kugel mit grosser Atmosphäre. Das Stadium bei der Entwickelung beider Körper dürfte überhaupt grosse Aehnlichkeit haben, nur dass die den Planeten Saturn begleitende isolirte Masse, welche in dem Ringe und acht Monden besteht, sich mannigfaltiger gruppirt hat.

Die Saturnkugel zeigt ebenfalls Streifen, wie wir sie bei Jupiter kennen gelernt haben, wenn auch lange nicht in der vielseitigen Abwechselung und Intensität, auch konnten bisher nur selten Objecte erkannt werden, die zur Bestimmung der Rotationszeit des Planeten geeignet waren. Die erste Bestimmung rührt von W. Herschel her, er fand $10^h\ 16^m\ 0^s.4$, welches Resultat durch A. Hall im Jahre 1876 im allgemeinen bestätigt wurde. Der letztgenannte Astronom beobachtete am 7. December 1876 mit dem 26zölligen Refractor der Sternwarte zu Washington und unter Anwendung einer 400fachen Vergrösserung abends gegen $^1/_2$ 6 Uhr Saturn und bemerkte auf der Osthälfte der Kugel, gerade unter dem Ringe, einen sehr hellen Fleck. $^3/_4$ Stunden später war der Fleck in die Mitte der Scheibe gerückt. Aus der Grösse dieser Fortrückung wurde eine angenäherte Umdrehungszeit von $10^h\ 29^m\ 16^s.8$ abgeleitet und damit eine Ephemeride gerechnet, um zukünftige Beobachtungen auch an anderen Orten Amerikas zu erleichtern. A. Hall erzählt, dass diese noch ungenaue und um $^1/_4$ Stunde abweichende Zeit vielfach in astronomische Bücher übergegangen sei, während Engelmann diesen Umstand dadurch erklärt, dass eine Verwechselung mit der von Laplace angenommenen Rotationsdauer des Ringes ($10^h\ 29^m\ 17^s$) stattgefunden habe. Der Durchgang des seltenen und interessanten hellen Flecks auf der Saturnkugel durch den centralen Meridian wurde vom 7. December bis 2. Januar an fünf verschiedenen Sternwarten 19 mal beobachtet und leitete A. Hall daraus folgende Rotationszeit ab:

$$R = 10^h\ 14^m\ 23^s.8 \pm 2^s.30,$$

in befriedigender Uebereinstimmung mit W. Herschel. Dieser Rotationszeit entsprechen auch bis auf geringe Abweichungen die neuesten Bestimmungen von Stanley-Williams. Obgleich die Resultate der einzelnen Beobachter recht gut mit einander übereinstimmen, so darf man doch nicht sicher sein, die Umdrehungszeit des Planeten bis auf zwei Minuten genau zu kennen, umsomehr, als nur helle Flecken in der Aequatorialgegend beobachtet werden konnten, die auf Jupiter so stark vergrösserte Werthe in Vergleich zu den Gebilden höherer Breiten ergaben.

Die Bestimmungen der Rotationszeit des Saturn beweisen definitiv, dass der Saturn ebenso wie Jupiter sich sehr schnell um seine Axe dreht, wie man nach der vorhandenen starken Abplattung vermuthen konnte.

Die Rotation des Saturn-Ringes ist ein theoretisches Erforderniss, indess es liegen keine directen Beobachtungen darüber vor, welche Geschwindigkeit die jedenfalls unzusammenhängenden Massen des Ringes besitzen. Hätte der Ring eine ausgesprochen elliptische Form, so würde seine Rotationszeit in ähnlicher Weise gefunden werden können, wie dies neuerdings bei den Jupitersatelliten gelungen ist (siehe oben S. 73). Nämlich durch fortgesetzte mikrometrische Bestimmungen des äquatorialen Ringdurchmessers. F. Kaiser hat durch sorgfältige Untersuchungen nachgewiesen, das der Ring keine Durchmesserschwankungen zeigt, welche die Beobachtungsfehler übersteigen und fand dies auch durch die zahlreichen Bessel'schen Messungsreihen bestätigt. Kaiser bestreitet daher die Verlässlichkeit der Messungen von Secchi, aus denen der Genannte eine Umdrehungszeit des äusseren Randes des Ringes von $14^h\ 23^m\ 19^s$ folgern zu können meinte.

Die Lage der Ringebene des Saturn im Raume ist zuerst genauer von Bessel bestimmt worden (1830). Nach seinen Untersuchungen betrug der aufsteigende Knoten N und die Neigung I bezogen auf den Erdäquator und reducirt auf den Anfang des Jahres 1890:

$$N = 126^\circ.7048$$
$$I = 6^\circ.9845.$$

Zur Orientirung wird es nöthig sein an dieser Stelle einige Aufklärungen über die Schwankungen zu geben, welchen die Rotationsaxen resp. die dazugehörigen Aequatorial- oder Ringebenen von Himmelskörpern unterworfen sind. Physikalischen Gesetzen gemäss hat jeder in Gyral- oder Kreiselbewegung begriffene Körper das Bestreben, die Lage seiner Rotationsaxe unverändert zu erhalten, und zwar mit um so grösserer Kraft, je schneller die Gyralbewegung erfolgt und je grösser die sich drehende Masse ist. Sonach würde also die Axe eines Planeten stets dieselbe Richtung im Raume einnehmen müssen, oder mit anderen Worten, der Aequator würde bei Fortbewegung des Körpers in seiner Bahn nur parallel verschoben werden. Alle Punkte am Himmel könnten rücksichtlich ihrer Lage auf einen solchen Aequator als Fundamentalebene bezogen werden, ohne dass es nöthig wäre die Masse mit der Zeit zu verändern. Die Aequatorialebene der Erde findet bekanntlich in diesem Sinne Verwendung, aber leider ohne der Bedingung der Unbeweglichkeit zu genügen. Schon lange ist es bemerkt worden, dass die Knotenpunkte des Erdäquators, bezogen auf die Erdbahn, stetig sich ändern, man nennt dies das Vorrücken der Tag- und Nachtgleichen. Hervorgerufen werden derartige Erscheinungen nach Newton durch Einwirkung der Sonne auf den rotirenden und gleichzeitig abgeplatteten Körper, vorausgesetzt, dass eine Neigung der Aequatorialebene gegen die den Sonnenmittelpunkt einschliessende Bahnebene des Körpers vorhanden ist. Fallen die beiden genannten Ebenen zusammen, so vermag die Sonne kein Fortrücken der Knotenpunkte (Präcession) zu bewirken, ferner auch dann nicht, wenn der Aequator um einen rechten Winkel gegen die Bahnebene geneigt sein sollte. In allen anderen Fällen aber wirkt die Massenanziehung verschieden auf den zu- als auch abgewandten Theil der wulstartig erweiterten Aequatorialzone des abgeplatteten Körpers ein, und ist das Bestreben vorhanden den Aequator in die Bahnebene herabzuziehen. Letzterem wirkt aber der Umschwung des Planeten entgegen und combiniren sich die beiden Kraftwirkungen zu einer der Rotation entgegengesetzten Kreisbewegung der Axe, die bei der Erde ungefähr 26000 Jahre Umlaufszeit hat, bei einem Halbmesser des beschriebenen Kreises von $23^1/_2{}^\circ$. Diese Erscheinung complicirt sich dadurch noch wesentlich, dass zur anziehenden Wirkung der Sonne noch diejenige des Mondes hinzu kommt, der zwar nur geringe Masse besitzt, aber dafür in grosser Nähe ist. Der Mond verändert sowohl die präcessionale Wirkung der Sonne im Allgemeinen, als er auch periodische Schwankungen (Nutation) in dem Kreise hervorruft, den die Erdaxe am Himmel beschreibt. Die Bewegung der Erdaxe ist eine solche wie es durch Figur 7 dargestellt wird, aus deren Betrachtung schon

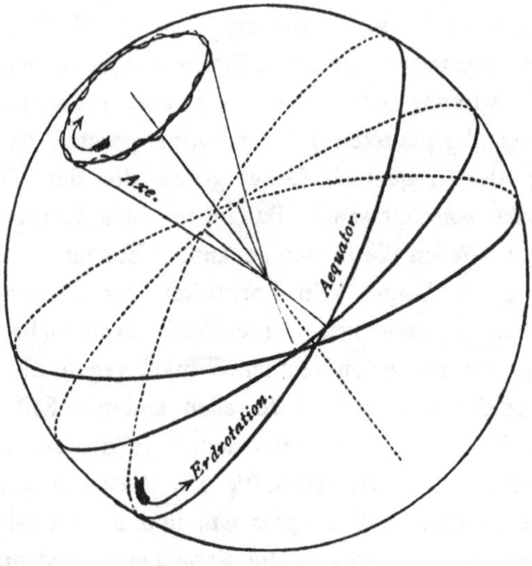

Fig. 7.

hervorgeht, wie mühevoll es gewesen ist die Art dieser Schwankungen genau festzustellen, zumal wenn man gleichzeitig bedenkt, dass die Wirkungen der Präcession und Nutation für jeden Tag verschieden sind, je nach der Stellung der drei Körper: Sonne, Erde, Mond, gegeneinander. Hiernach kann man sich kaum ein schwankenderes Fundament für die Messungen am Himmelsgewölbe denken als den Erdäquator, und wird wohl der Wunsch rege, eine andere Ebene dafür zu substituiren, die nicht so complicirte und veränderliche Correctionen bedingt, vielleicht eine Ebene, die durch zwei Fixsterne, z. B. die Sonne und *β* Leonis, geht. Gewiss würden die in verschiedenen Jahrhunderten beobachteten, auf eine solche Ebene bezogenen Oerter der Gestirne besser und directer vergleichbar sein, da die Eigenbewegungen der beiden Fundamental-Sterne relativ nur geringe Verschiebungen hervorrufen könnten. Eine solche Ebene ist aber durch nichts markirt, während die jedesmalige Lage des Erdäquators sich in der scheinbaren Bewegung der Gestirne am Himmel genau abspiegelt, sodass mit Hülfe der astronomischen Instrumente ein bequemes System der Messung ermöglicht wird. Der unmittelbare Zusammenhang, der zwischen der directen Beobachtung und der Eintheilung des Weltraumes besteht, hat das Coordinaten-System der Rectascensionen und Declinationen zu dem herrschenden gemacht, wennschon es ungünstig erscheinen muss, dass die Messungen am Himmel auf einem Massstabe beruhen, dessen Nullpunkt, streng genommen, nicht einen Augenblick unverschoben bleibt und sich im Verlauf längerer Zeiträume ganz beträchtlich verändert.

Naturgemäss herrschen ähnliche Verhältnisse bei den Aequatorialebenen anderer Himmelskörper. Auch die Ringebene des Saturn, von welcher wir ausgingen, wird ihre Lage im Raum ändern und ist es daher erforderlich, den Ortsangaben stets das Datum der Bestimmung (Epoche) beizufügen, um für später die Grösse und das Tempo der Aenderungen bemessen zu können, und ferner, um die Correctionen wegen Präcession des Erdäquators festzustellen, auf welchen die Lage der Ringebene bezogen wurde. Wenn wir also oben Knoten und Neigung des Saturnringes für den Anfang des Jahres 1890 angegeben haben, so ist damit gesagt, dass die ursprünglichen Bestimmungen von Bessel aus den Jahren 1830—33 wegen inzwischen erfolgter Aenderung der Lage des Erdäquators corrigirt worden sind.

A. Hall hat im Jahre 1886 die Neigung des Saturnringes auf Grund einer Anzahl von Positionswinkel-Messungen mitbestimmt, indem er dabei den aufsteigenden Knoten zu 126°.5450 annahm. Er fand:

$$1886.157^{*})\quad I = 6^{\circ}.9600 \pm 0^{\circ}.0080.$$

Bessel's Werth auf dieselbe Epoche reducirt ist 7°.0200, also 0°.06 grösser. Der Unterschied überragt zwar den wahrscheinlichen Fehler der Berechnung von A. Hall, indess bleibt es bei dem Mangel anderer bestätigender Beobachtungen unsicher, ob hier eine Aenderung angezeigt ist, oder ob man die Differenz in systematischen Beobachtungsfehlern zu suchen hat. Es ist bedauerlich, dass derartige Messungen nicht regelmässig fortgesetzt werden.

Die Aequatorialebene des Planeten Saturn wurde bisher immer als mit der Ebene des Ringes zusammenfallend angesehen. Wohl oder übel war man gezwungen zu dieser Annahme, da keine Anhaltspunkte zu einer directen Bestimmung der Axenlage der Kugel vorhanden waren. Die genauere Kenntniss der Bahnen der Saturnmonde Thetis, Rhea und Enceladus, welche durch H. Struve neuerdings gefördert worden ist, gestattet aber einen hin-

---

*) Das Datum ist hier als Jahresbruch angegeben, was für die Reduction auf andere Epochen bequem ist. Der Bruch 0.157 entspricht dem 7. Februar 1886.

reichend sicheren Rückschluss auf die Lage des Saturnäquators, sodass Marth in seinen Ephemeriden für 1892 die Lage desselben ganz unabhängig von Ringbeobachtungen folgendermassen annimmt:

$$\left.\begin{array}{ll} 1892{,}0 & N = 125^\circ.9363 \\ & I = 6^\circ.9526 \end{array}\right\}$$ bezogen auf die Ebene des Erdäquators.

Eine Vergleichung dieser Zahlen mit den oben S. 80 für den Ring angegebenen lässt erkennen, dass die beiden Ebenen wenig von einander verschieden sind, nur die Lage der Knotenpunkte zeigt eine merkliche Differenz. Wenn erst die Verhältnisse im Saturnsystem vollständig erforscht sind, wird es gelingen auch die Lage der Ringebene genauer festzustellen, als dies gegenwärtig durch Messungen am Ring selbst möglich ist. Derartige Messungen behalten stets eine nicht geringe Unsicherheit.

Gegen die Erdbahn (Ekliptik) hat der Saturnäquator folgende Lage:

$$\begin{array}{ll} 1892{,}0 & N = 167^\circ.0785 \\ & I = 28^\circ.0711, \end{array}$$

welche Zahlen nur deshalb hierher gesetzt sind, um zu zeigen, wie beträchtlich die Ringebene gegen einen Beobachter auf der Erde geneigt sein kann. Die Folge davon ist, dass die Streifen der Saturnkugel sehr gekrümmt erscheinen können und der Ring sich stark öffnet, wenn der Planet die geeignete Stellung in seiner Bahn einnimmt, also $\pm 90^\circ$ von den Knotenpunkten des Ringes entfernt ist. Befindet sich der Saturn in der Nähe des aufsteigenden resp. niedersteigenden Knotens, dann tritt der Fall ein, dass der Ring sich als einfache Linie darstellt und in den dazwischen liegenden Bahnörtern nimmt die Ringellipse eine mehr oder weniger gestreckte Form an. Die Ephemeriden von Marth geben hierüber den genauesten Aufschluss, indem von zwei zu zwei Tagen die grosse und kleine Axe der Ringellipse in Bogensecunden verzeichnet ist.

Nachdem wir nun mit den Dimensionen und Lagenverhältnissen des Saturn bekannt geworden sind, mögen hier noch einige Angaben über die Oberflächenbeschaffenheit von Ball und Ring erfolgen (siehe Fig. 8, die Reproduction einer Zeichnung der Lick-Sternwarte).

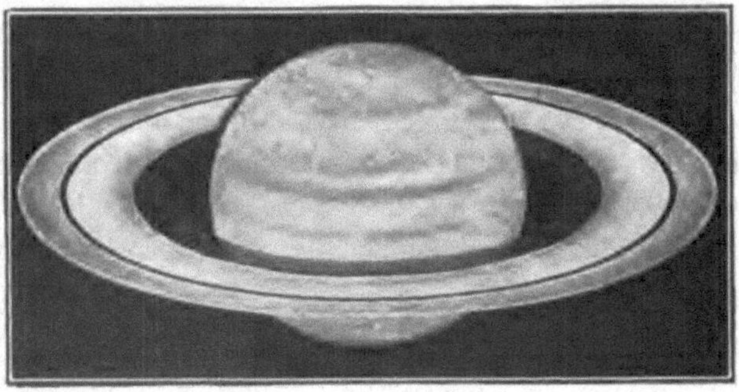

Fig. 8.

Der Centralkörper des Saturnsystems bietet dem Beobachter, wie bereits angedeutet, nur wenig dar, sodass hierin ein wesentlicher Unterschied gegen Jupiter vorhanden ist, dessen wechselvolles Bild eine reiche Fundgrube für die Untersuchung bildet. Man bemerkt auf der Saturnkugel mit mächtigen Fernröhren eine Anzahl von matten Streifen, die zum Theil eine schwach röthliche Färbung besitzen, auch erscheinen die Polarzonen, vornehmlich die südliche, dunkler schattirt. Von manchen Beobachtern wird die Saturnoberfläche als „wollig“ aussehend geschildert, was auf einen wolkigen Charakter deuten würde. Dem Verfasser erschien die Kugel immer wachsartig und gelblich getönt im Vergleich zu dem weissen Ringe. Der Ring hat stets in erhöhtem Masse die Aufmerksamkeit der Beobachter auf sich gelenkt, was ja durch die Eigenart seiner Bildung vollkommen gerechtfertigt erscheint, jedoch sind auch hier wenig Wahrnehmungen gemacht worden, aus denen sichere Schlüsse hätten gezogen werden können. Trennungslinien im Ringe sind mehrere beobachtet worden, mit gleichbleibender Sicherheit aber nur die Cassini'sche Theilung, an welcher Hall bemerkte, dass sie nicht vollständig schwarz erschien, sodass man annehmen muss, dass auch sie mit Stofftheilen erfüllt ist. Zu erwähnen ist noch die Encke'sche Theilung im äusseren Ringe, die aber schon schwieriger zu erkennen ist. Von Interesse ist ferner der sogenannte dunkle Ring, der als nebelhafter Ringansatz in dem Zwischenraume zwischen Kugel und Ring erscheint. Derselbe bestätigt wesentlich die Annahme, dass der gesammte Ring aus unzusammenhängenden Theilen besteht, die an der inneren Grenze des Hauptringes etwas dünner gesäet und daher nicht im Stande sind eine grössere Menge Sonnenlicht zurückzuwerfen. Geringfügige Aenderungen in den Contouren des Ringsystems, wie sie beobachtet sind, würden durch die erwähnte Hypothese auch erklärbar sein.

Wir wollen noch hinzufügen, dass es von Interesse ist die Form des Schattens zu beachten, den die Saturnkugel bei geeigneter Stellung auf den Ring wirft, da hieraus Folgerungen über die Form des Ringes gezogen werden können.

Die Monde des Saturn.

Soweit unsere Kenntnisse reichen ist der Saturn derjenige Planet, der die meisten Satelliten besitzt; es sind acht derselben aufgefunden worden. Die Vermuthung, ob nicht vielleicht noch mehr vorhanden sind, ist ohne Weiteres nicht von der Hand zu weisen, da die Erfahrung der letzten Zeit gezeigt hat, dass mit der Vergrösserung der Fernröhre auch die Zahl der bekannten Satelliten wächst. Während es üblich ist die Satelliten des Jupiter einfach durch Zahlen zu kennzeichnen, so hat man den Saturntrabanten besondere Namen beigelegt; sie heissen, vom innersten angefangen, der Reihe nach:

Mimas, Enceladus, Thetis, Dione, Rhea, Titan,
Hyperion und Japetus.

Bei der grossen Entfernung des Planeten von der Erde können die Monde nur als leuchtende Punkte und nicht als Scheiben gesehen werden, wie dies bei den Jupitermonden möglich ist. Die Helligkeit der Saturntrabanten ist sehr verschieden und entspricht ungefähr folgender Reihe:

Titan, Japetus, Rhea, Thetis, Dione, Enceladus,
Mimas und Hyperion.

Titan wird schon in kleineren Fernröhren mit Leichtigkeit gesehen, Mimas und Hyperion erfordern grosse Instrumente und möglichste Reduction des Ringes zu einer Linie, weil sonst die Helligkeit des Ringes die schwachen Monde überstrahlt.

Eine merkwürdige Eigenschaft ist am Japetus beobachtet worden. Er erscheint sehr hell auf der Westseite des Planeten, gelangt er aber infolge seiner Bahnbewegung auf die Ostseite, so reducirt sich seine Helligkeit ganz wesentlich. Es ist dies schon von Alters her bekannt, aber wenig untersucht und nicht hinreichend erklärt. Man nimmt an, dass der Mond eine helle Vorder- und eine dunkle Rückseite hat, und dass er während eines Umlaufes um den Centralkörper nur eine Umdrehung um seine Axe macht, dergestalt, dass er dem Saturn stets dieselbe Seite zuwendet. Eine Analogie hierfür bietet allerdings der Erdmond und die Hypothese würde in dieser Beziehung nichts Ungewöhnliches voraussetzen, dass aber ein Himmelskörper in zwei Hemisphären getheilt ist, die das Licht so ausserordentlich verschieden reflectiren, dafür fehlt es an Beispielen.

Die Erscheinung ist jedenfalls so aussergewöhnlich, dass sie grössere Berücksichtigung als bisher verdient, und wäre es besonders wünschenswerth, das Gesetz der Lichtabnahme resp. -Zunahme photometrisch genau festzustellen.

Was die Bahnebenen der acht Monde anbelangt, so zeigen die fünf inneren Monde keine beträchtlichen Abweichungen von der Ringebene, sodass ihre Positionen in den Ephemeriden von Marth bisher auf diese Ebene bezogen wurden. Erst neuerdings ist dafür eine andere Ebene, die dem Aequator des Planeten entspricht, angenommen worden (siehe oben S. 85).

Die drei äusseren Monde entfernen sich mehr aus der Fundamentalebene. Für Hyperion fehlte es lange Zeit an ausreichenden Beobachtungen, da er so lichtschwach ist, jedoch ist die Lücke durch A. Hall, der den 26zölligen Refractor der Sternwarte zu Washington zu dem Zwecke verwandte, ausgefüllt worden.

NEPTUN.

Dieser der Masse nach drittgrösste Planet bewegt sich anscheinend an der äussersten Grenze des Sonnensystems, wenigstens ist es nicht gelungen noch weiter draussen einen planetarischen Körper zu sehen, dessen Bewegung von der Sonne aus beherrscht würde. Auch der Neptun war bis in die Neuzeit unbemerkt geblieben, und bildet seine Entdeckung einen Triumph der theoretischen Astronomie. Ausführliche und interessante Berichte über den Vorgang der Entdeckung finden sich in allen neueren Büchern über Astronomie, sodass wir uns wohl darauf beschränken können kurz zu erwähnen, dass Störungen der Bewegung des Planeten Uranus, dessen Bahn der Neptunsbahn am nächsten kommt, zu einer angenäherten Ortsbestimmung des störenden Körpers führten, an welcher Stelle denn auch der neue Planet gefunden wurde.

Der Neptun erfordert zu seiner Beobachtung schon ein grösseres Instrument und selbst bei starker Vergrösserung erscheint er als ein winziges Scheibchen, dessen Durchmesser nur schwer mit einiger Präcision zu ermitteln ist. $^1/_{10}$ Bogensecunde entspricht bei der enormen Entfernung von 30 Sonnenweiten $^1/_{29}$ des gesammten Durchmessers, der von Kaiser zu $2''.87$ für die Entfernung 30.034 bestimmt wurde. Wir können aus diesen Zahlen entnehmen, dass der Neptun ein Körper von bedeutenden Dimensionen ist, dass er einen Durchmesser von ungefähr 8400 geogr. Meilen hat. Neben Jupiter und Saturn bildet er diejenige Gruppe der Planeten, die an Masse die anderen Begleiter der Sonne ganz bedeutend überragen. Es fehlen in dieser Beziehung die Uebergangsglieder. Auch behaupten die drei genannten Körper insofern eine Ausnahmestellung, als sie die äusseren Regionen des Sonnensystems einnehmen, während die weniger gewichtigen Massen in der Nähe der Sonne geblieben sind.

Das Studium der Oberfläche, das bei Jupiter mannigfaltige Resultate zu Tage gefördert hat, ist bei Neptun wegen der Kleinheit seines scheinbaren Durchmessers fast zur Unmöglichkeit gemacht, man wird daher wohl kaum auf eine Bestimmung der Rotationszeit des Planeten hoffen dürfen.

Der Mond des Neptun.

Die genauere Berechnung der Masse des Neptun war von dem Augenblicke an gesichert, als es Lassell auf Malta gelang einen Mond des Planeten zu entdecken. Die Beobachtung dieses Satelliten, welche nur mit den mächtigsten Instrumenten möglich ist, hat auch noch ausserdem sehr interessante Thatsachen festgestellt, sodass es begründet erscheint bei diesem Gegenstande etwas länger zu verweilen. Nach dem dritten Kepler'schen Gesetze verhalten sich die Quadrate der Umlaufszeiten zweier Planeten wie die Cubikzahlen ihrer mittleren Entfernung von der Sonne:

$$T^2 : t^2 = D^3 : d^3$$

oder auch $\frac{D^3}{T^2} = \frac{d^3}{t^2}$.

Der Bruch, welcher die Entfernung von der Sonne im Zähler und die Umlaufszeit im Nenner hat, würde also nach der zweiten Gleichung für alle Planeten derselbe sein.

Was aber von der Sonne und den Planeten gilt, würde in ganz derselben Weise für einen Planeten und seine Satelliten Gültigkeit haben, auch hier würde ein constanter Werth für den Bruch $\frac{D^3}{T^2}$ entstehen, der sich natürlich von dem Bruch unterschiede, welcher für die Sonne und die Planeten gilt, da die Massen in beiden Fällen sehr verschieden sind.

Will man das Gesetz auf Planeten und Satelliten zugleich anwenden, so muss das Verhältniss der Massen berücksichtigt werden. Es ist dann:

$$\frac{D^3}{T^2} = \frac{d^3}{t^2} \cdot \frac{M}{m},$$

worin M die Masse der Sonne und m die Masse des Planeten bedeutet. Man erhält aus letzterer Gleichung sehr leicht:

$$\frac{m}{M} = \frac{d^3}{D^3} \cdot \frac{T^2}{t^2},$$

was in Worten ausgedrückt bedeutet, dass wir das Verhältniss der Planetenmasse zur Sonnenmasse finden können, sobald wir die Bewegungsverhältnisse des Planeten und seines Satelliten kennen, in unserem Falle des Neptun und seines Mondes.

Die Umlaufszeit t des Mondes beträgt . . . . $5^d.876839$ (Tage)

Seine mittlere Entfernung vom Neptun von der Sonne aus gesehen (d) . . . . $16''.378$

Die Umlaufszeit T des Neptun um die Sonne $60181^d.11316$
Seine mittlere Entfernung D von der Sonne,
in demselben Masse wie d ausgedrückt $206264''.8$
folglich nach obiger Formel:

$$\frac{m}{M} = \frac{(16.378)^3}{(206\,264.8)^3} \cdot \frac{(60181)^2}{(5.8768)^2},$$

$$\frac{m}{M} = \frac{1}{19049}.$$

Die Genauigkeit dieses Bruches ist wesentlich abhängig von der mittleren Entfernung des Mondes vom Neptun, und da der erstere ein lichtschwaches Object ist, so wird seine genaue Beobachtung sehr erschwert. Ein Fehler von einer Bogensecunde in der Bestimmung der Entfernung d würde die Masse des Neptun um $^1/_8$ ihres Werthes ändern. Die exacten Beobachtungen von Hall stimmen nun allerdings besser überein und soll daher sein Werth für die Neptunsmasse nebst dem wahrscheinlichen Fehler hier Platz finden:

$$\frac{m}{M} = 1 : (19092 \pm 64).$$

Wir haben oben S. 51 gesehen, dass im Allgemeinen die Bewegungsrichtung im Planetensysteme ein und dieselbe ist; von Norden aus betrachtet entgegengesetzt dem Zeiger der Uhr. Der Neptunsmond macht hiervon aber eine Ausnahme, er ist rückläufig. Will man eine solche Rückläufigkeit nicht gelten lassen, so kann man auch bei der Rechtläufigkeit beharren und die Umkehr der Bewegungsrichtung durch eine 90° überschreitende Neigung der Mondbahn erklären. Gesetzt, der Mond bewege sich in derselben Ebene wie der Planet, so würde die Richtung seiner Bewegung dem allgemeinen Gesetze entsprechen. Denkt man sich dann die Mondbahn allmählich gekippt, so erscheint die Bewegung so lange rechtläufig, als die Kippung 90° nicht erreicht. Bei genau senkrechtem Stande der Mondbahn würden wir im Zweifel sein, ob der Mond recht- oder rückläufig ist, über 90° würde die Bewegung jedenfalls rückläufig erscheinen, wenn es auch in unserem Belieben steht sie als eine ursprünglich rechtläufige Bewegung aufzufassen. Thun wir dies, dann ist die Bahn des Neptunsatelliten um etwas mehr als 140° gegen die Planetenbahn geneigt, betrachten wir aber den Mond als rückläufig, dann ist seine Bahn nur etwa 40° geneigt. —

A. Marth hat nun bei einer Vergleichung der Bahnelemente des Neptunsatelliten, wie sie aus den Beobachtungen verschiedener Epochen gefunden wurden, die interessante Wahrnehmung gemacht, dass die Zahlen sich stetig ändern und zwar in stärkerem Masse als durch zufällige Beobachtungsfehler erklärt werden kann. Es würde dies darauf hindeuten, dass die Lage der Mondbahn ungewöhnlich starken Aenderungen unterworfen ist, für die es vorläufig keine sichere Erklärung giebt.

Die folgenden von A. Marth herrührenden Zahlen, welche sich in Band 46 der „Monthly Notices" S. 507 vorfinden, lassen erkennen, in welchem Sinne die muthmasslichen Aenderungen stattfinden.

		Länge des Knotens auf der Neptunsbahn	Neigung der beiden Bahnen			
Malta	1852	176°.20	148°.33	od.	31°.67	sofern der Satellit als rückläufig angesehen wird.
„	1864	180°.41	146°.19	„	33°.81	
Washington	1874	182°.59	144°.04	„	35°.96	
„	1883	184°.31	142°.38	„	37°.62	

Die hier angedeutete Frage kann nur durch fortgesetzte weitere Beobachtung*) des interessanten Neptunsatelliten ihrer Lösung näher gebracht werden, und es ist dies eine lohnende Aufgabe für die Besitzer grosser Fernröhre.

Wir wollen zum Schlusse noch hinzufügen, dass es merkwürdig erscheint, wenn gerade die Mondbahnen der äusseren Planeten Abweichungen zeigen. Auch bei dem benachbarten Uranus ist eine ungewöhnlich starke Neigung der Mondbahnen vorhanden.

URANUS.

Dieser nächst Neptun am weitesten von der Sonne entfernte Planet wurde in Folge seines kleinen scheinbaren Durchmessers auch erst gegen Ende des vorigen Jahrhunderts aufgefunden. Seiner Entdeckung folgte bald die Auffindung von zwei Satelliten, weitere zwei wurden Mitte dieses Jahrhunderts bemerkt, sodass man gegenwärtig vier Monde mit Bestimmtheit kennt, obgleich sie, ihrer Lichtschwäche wegen, schwierig zu verfolgen sind. Was den Durchmesser des Planeten anbelangt, so ergiebt sich derselbe im Mittel aus einer grösseren Anzahl Messungen zu $3''.82$, gültig für die Entfernung 19.183 des Planeten von der Sonne.

*) Ist inzwischen in bestätigender Weise erfolgt. Siehe „Beobachtungen des Neptunstrabanten am 30zölligen Pulkowaer Refractor" von H. Struve. Mémoires de l'acad. d. sc. de St.-Pétersbourg, 7. Série. T. 42, Nr. 4. 1894.

Es ist mehrfach das Vorhandensein einer Abplattung des Uranus behauptet worden, noch 1883 erhielt Schiaparelli aus seinen Messungen den Werth $\frac{1}{10.9}$ hierfür, auch erschien der Planet dem genannten Beobachter vor Anstellung der Messungen deutlich elliptisch. Von anderer Seite wurde die Existenz einer merklichen Abplattung bestritten. Die Entscheidung dieser Frage ist mit abhängig von der Stellung des Planeten zur Sonne, denn wie aus der Lage der Mondbahn gefolgert werden muss, hat auch die Aequatorialebene des Planeten eine sehr starke Neigung gegen die Ekliptik, so dass in gewissen Zeiten die Axe des Uranus gegen die Erde gerichtet sein kann, wodurch natürlich eine Bestimmung des polaren Durchmessers unmöglich wird. Eine günstige Stellung des Uranus in seiner Bahn vorausgesetzt, wird die Entscheidung über das Vorhandensein der Abplattung des Planeten durch seinen kleinen scheinbaren Durchmesser erschwert, von welchem die unvermeidlichen Messungsfehler einen zu starken Bruchtheil bilden.

An eine erfolgreiche Beobachtung von Oberflächen-Gebilden des Uranus ist bei seiner grossen Entfernung ebenfalls nicht zu denken, und ist daher die Umdrehungszeit unbekannt.

Die Masse des Planeten wurde in derselben Weise, wie es bei Neptun angegeben ist, mit Hülfe der Monde abgeleitet und erhielt Newcomb hierfür den Werth:

$$1 : (22600 \pm 100).$$

Es berechnet sich hieraus das specifische Gewicht 1.167, welches nur 0.2 der Dichtigkeit der Erde beträgt, sodass wir auch bei diesem Planeten auf das Vorhandensein einer ausgedehnten Atmosphäre hingewiesen werden.

Die Monde des Uranus.

Wie bereits oben mitgetheilt, sind vier Monde des Uranus bekannt, welche vom Centralkörper aus fortschreitend die Namen: Ariel, Umbriel, Titania und Oberon führen.

Man nimmt vorläufig an, dass diese vier Monde sich in ein und derselben Ebene bewegen, welche zugleich als Aequatorialebene des Uranus gilt. In Wirklichkeit werden die Abweichungen hiervon wohl auch nicht erheblich sein. A. Marth giebt in seinen Ephemeriden die Elemente dieser Fundamentalebene, bezogen auf den Erdäquator, folgendermassen an:

$$1880.0 \quad N = 165^{\circ}.770 \quad I = 75^{\circ}.210$$

und erkennen wir hieraus, dass die Monde sich beinahe senkrecht zur Ekliptik bewegen.

ERDE.

Die Anordnung der Planeten nach ihrer Masse beibehaltend, gelangen wir nach Ueberschreitung einer beträchtlichen Lücke zur Erde, deren Masse zwar viel geringer ist als diejenige der Körper der äusseren Gruppe: Jupiter, Saturn, Uranus und Neptun, die aber doch noch von den inneren Planeten das grösste Gewicht besitzt:

$$\frac{m}{M} = 1 : (327214 \pm 624).$$

Der Durchmesser der Erdkugel ist naturgemäss nicht in derselben einfachen Weise bestimmbar, wie wir dies bei den anderen Planeten kennen gelernt haben, es würde hierzu ein Standpunkt ausserhalb der Erde nothwendig sein. Aber indirect und unter Benutzung gewisser Zusammenkünfte im Planetensysteme ist es doch gelungen den Winkelwerth zu messen, unter dem die Erde von der Sonne aus erscheint, und werden wir weiter unten darauf zurückkommen.

Es können aber auch die Dimensionen der Erde direct gemessen werden, was zwar eine weit schwierigere und umfangreichere Arbeit ist, als die Durchmesserbestimmung eines Planeten, deren sich aber ausgezeichnete Physiker schon öfter unterzogen haben und noch fortgesetzt unterziehen, um das Mass der erreichbaren Genauigkeit zu erhöhen. Letzteres ist deshalb noch von besonderer Wichtigkeit, weil man die Erddimensionen als Grundlage der Masseinheit angenommen hat. Man kann den Erddurchmesser für absehbare Zeiten als unveränderliche Grösse ansehen, deren Revision jederzeit erfolgen kann. Wir wissen, dass das Meter der zehnmillionste Theil des Erdquadranten resp. eines Viertels des über die Pole gemessenen Erdumfanges ist. Dieser Umfang beträgt daher umgekehrt 40000000 Meter und es ist leicht den polaren Erddurchmesser in derselben Einheit ausgedrückt zu berechnen. Wir finden nach Division durch die Ludolph'sche Zahl π hierfür 12732.4 Kilometer oder 1716 geogr. Meilen.

Nach Feststellung der Länge eines Meters sind aber die Erddimensionen mit verfeinerten Hülfsmitteln revidirt worden, und man hätte nun eigentlich die Normalmeterstäbe verändern müssen, da aber eine absolute Uebereinstimmung in dieser Beziehung nicht erreichbar ist, so hat man das einmal bestimmte Meter für alle Messungen beibehalten und findet nun natürlich die Erddimensionen etwas anders als oben angegeben.

Nach Clarke (1880) beträgt der Meridianquadrant der Erde nicht 10 Millionen, sondern 10001 869 Meter, der Polardurchmesser folglich 12713.03 Kilometer oder 1713.24 geogr. Meilen.

Der Aequatorial-Durchmesser der Erde hat andere Dimensionen, da die Erde an den Polen abgeplattet ist. Jede rotirende Kugel, deren Oberflächentheile eine Verschiebung gestatten, wird nach Massgabe der Schnelligkeit der Umdrehung eine abgeplattete Form annehmen; wir hatten bereits Gelegenheit dies bei den atmosphärischen Hüllen der Planeten Jupiter und Saturn unzweifelhaft wahrzunehmen. Dass auch die feste Erdoberfläche eine Abplattung erkennen lässt, bestärkt uns zugleich in der Annahme, dass die Erde früher feuerflüssig war und ihre Oberfläche sich den Rotationsgesetzen gemäss formen konnte. Der Nachweis einer Abplattung der Erde an den Polen kann durch directe Messungen auf der Erde geführt werden, man kann sich aber auch auf andere Weise davon überzeugen. Es wird nämlich die Schwerkraft an der Erdoberfläche eine verschiedene sein, wenn wir es nicht mit einer vollkommenen, sondern mit einer abgeplatteten Kugel, mit einem Sphäroid zu thun haben. Der Aequator ist dann weiter von dem Schwerpunkte entfernt als die Pole und jeder am Aequator fallende Körper wird daher etwas schwächer angezogen, als an den Polen. Dies musste sich aber nothwendiger Weise an Pendeluhren bemerkbar machen, welche aus höheren geographischen Breiten in niedere transportirt wurden, denn die Regulirung dieser Uhren geschieht durch einen Körper, dessen gleichförmig schwingende Bewegung durch die Schwerkraft bedingt wird.

Die Pendellänge steht, eine gleichmässige Schwerkraft vorausgesetzt, in einem bestimmten Verhältnisse zur Zeit, wir können z. B. die Länge genau bestimmen, welche ein Pendel haben muss, um Secunden zu schlagen, mit anderen Worten, das Secundenpendel, wie es gewöhnlich bei astronomischen Uhren Verwendung findet, hat für ein und denselben Ort eine ganz bestimmte Länge.

Schon im 17. Jahrhundert fand J. Richer gelegentlich einer Forschungsreise nach Cayenne, dass eine in Paris genau regulirte Pendeluhr in Cayenne beträchtlich nachging, sodass das Pendel verkürzt werden musste, um Secunden zu schlagen. Dies konnte nur durch eine Aenderung der Schwerkraft erklärt werden, wie sie die Oberfläche eines Sphäroides darbieten muss.

Die Bestimmung der Länge des Secundenpendels für verschiedene geographische Breiten war nach dieser Wahrnehmung eine wichtige astronomisch-physikalische Aufgabe, welcher sich denn auch später hervorragende Gelehrte gewidmet haben. Die Länge des Secundenpendels lässt sich genau für jede geographische Breite φ nach folgender einfachen Formel in Theilen des Meters berechnen:

$$L = 0^{m}.99102 + 0.00510 \sin^2 \varphi.$$

Für Berlin ($\varphi = 52^{\circ}.505$) ergiebt sich demnach die Pendellänge von 994.23 Millimetern.

Die obige Formel lässt ohne Weiteres erkennen, dass der Unterschied in der Länge des Secundenpendels an den Polen und am Aequator 5.1 Millimeter beträgt, eine zwar an sich kleine Grösse, die aber bis auf verschwindende Unterabtheilungen genau bestimmbar ist.

Die Grösse der Erdabplattung beträgt nach Clarke $\frac{1}{293.465}$, der Aequatorial-Durchmesser der Erde ist daher 12756.5 km oder 1719.10 geogr. Meilen.

Von der Sonne aus gesehen erscheint dieser Durchmesser der Erde unter einem Winkel von 17″.6. Die Hälfte dieses Winkels entspricht dem Aequatorialradius und führt den Namen „Sonnenparallaxe". Die letztere beträgt nach den neuesten Bestimmungen:

$$8''.80905 \pm 0''.00567.$$

Die genaue Kenntniss dieser Grösse ist insofern von grösster Wichtigkeit, als nur sie es ermöglicht die Entfernungen im Planetensystem in Längenmass auszudrücken, d. i. alle aus den Beobachtungen sich ergebenden Winkel in Meter, Kilometer, Meilen etc. zu verwandeln. Mit Hülfe obiger Sonnenparallaxe berechnet sich z. B. die Entfernung der Erde von der Sonne zu 149340870 km = 20125600 geogr. Meilen, abgerundet $20^1/_8$ Millionen geogr. Meilen.

Die Sonnenparallaxe entspricht also dem Aequatorial-Halbmesser der festen Erdkugel, wie er sich ergeben würde, wenn man ihn von der Sonne aus messen könnte, und es entsteht die Frage: wie war es möglich diesen Winkel von der Erde aus zu bestimmen? Man hat zu der Erreichung dieses Zieles verschiedene Wege mit grösserem oder geringerem Erfolge eingeschlagen, es möge jedoch genügen, an dieser Stelle nur derjenigen Methode zu gedenken, welche bisher die grösste Beachtung gefunden hat. Man brauchte hierzu noch einen dritten Körper, dessen Entfernung von der Sonne, im Vergleich zur Erdentfernung, genau bekannt war, und wählte als besonders geeignet den Planeten Venus aus, welcher der Sonne näher steht als die Erde und daher in seltenen Fällen seiner unteren Conjunction auf der Sonnenscheibe sichtbar wird. Diese Vorübergänge der Venus vor der Sonnenscheibe waren es, welche die Astronomen von jeher besonders in's Auge gefasst hatten, um den Erddurchmesser im Bogenmass zu bestimmen. Leider vergehen stets mehr als 100 Jahre, bevor je zwei dieser Erscheinungen wiederkehren, jedoch war es unserem an naturwissenschaftlichen Erfolgen reichen Zeitalter vergönnt, zwei Venusvorübergänge zu haben, welche denn auch mit Aufgebot aller Kräfte verfolgt und registrirt worden sind.

Die Bestimmung der Sonnenparallaxe mit Hülfe der Venus kommt darauf hinaus, den Durchmesser der Erde von der Venus aus, im Winkelwerth (die Venusparallaxe), zu bestimmen, was im Beisein der Sonne gut ausführbar ist und noch den Vortheil hat, dass diese Parallaxe, der grösseren Nähe der Venus wegen, einen grösseren Werth hat.

Die Venus erscheint bei Vorübergängen als ein schwarzes Scheibchen auf der Sonne, dessen Ort bestimmt werden kann. Beobachtet man nun gleichzeitig von verschiedenen möglichst weit aus einander liegenden Stationen der Erdoberfläche die Oerter der Venus auf der Sonnenscheibe, so werden letztere verschieden gelegen sein müssen, und in dieser Verschiedenheit finden wir das Mass für die Sonnenparallaxe.

Die von den beiden Beobachtungsstationen ausgehenden Gesichtslinien schneiden sich im Mittelpunkt der Venus und treffen dann die Sonne in zwei Punkten, welche für jede einzelne Station durch die Venusscheibe markirt sind. Da das Verhältniss der Entfernungen Erde—Sonne und Venus—Sonne genau bekannt ist, so lässt sich der Winkel an der Venus, unter dem sich dort die beiden Gesichtslinien schneiden (Venus-Parallaxe), bestimmen, woraus dann die Sonnen-Parallaxe gefunden werden kann. Der Vortheil dieser Methode besteht darin, dass die Venus der Erde bei Vorübergängen sehr nahe kommt, so dass die Venus-Parallaxe einen grösseren Winkel darstellt als die Sonnen-Parallaxe, die Beobachtungsfehler das Resultat daher in verringertem Masse beeinflussen. Das vorstehende, in wenig Umrissen skizzirte Verfahren ist natürlich in Wirklichkeit nicht so einfach in der Ausführung, ganz besonders vergehen über der umfangreichen Reduction der Beobachtungen Jahre. Das Endresultat ist eine einfache Zahl, von deren exacter Bestimmung aber eine ganze Menge anderer astronomischer Werthe abhängig ist.

Die Erde erscheint also von der Sonne aus unter einem Winkel von $17''.6$ und würde es, die Möglichkeit einer Beobachtung vorausgesetzt, Schwierigkeiten haben, die Abplattung wahrzunehmen, da sie nur $\frac{1}{293}$ beträgt, der Polar-Durchmesser folglich nur $0''.06$ kleiner erscheinen würde als der Aequatorial-Durchmesser. Es möge dies deshalb hervorgehoben sein, weil man beim Mars bis jetzt auch noch keine Abplattung mit Sicherheit hat feststellen können, das Vorhandensein einer solchen aber wohl angenommen werden darf, da die Verhältnisse denjenigen auf der Erde entsprechen, und besonders die Umdrehungszeiten nur wenig verschieden sind. —

Die Dichtigkeit der Erde ist von zahlreichen Forschern auf die verschiedenste Weise abgeleitet worden, aus der Ablenkung der Lothlinie durch grössere Berge, aus der Anziehung schwerer Gewichte auf schwingende Vorrichtungen (Pendel oder Waage), aus Pendelbeobachtungen in Bergwerken etc. Wie bereits oben angenommen, ist der wahrscheinlichste Werth für die mittlere Dichtigkeit der Erde 5.576 ± 0.016. —

Die Rotation der Erde bildet das Mass für alle Bestimmungen der Zeit. Es würde schwer fallen ein dauernd richtiges Mass für das Fortschreiten der Zeit zu haben, wenn nicht die Erfahrung gelehrt hätte, dass die Erdkugel, in Uebereinstimmung jedenfalls mit anderen rotirenden Weltkörpern, sich mit einer so gleichförmigen Geschwindigkeit um ihre Axe dreht, dass selbst mit den feinsten Instrumenten keine Abweichungen haben nachgewiesen werden können. Es ist wohl wahrscheinlich, dass die Umdrehungszeit der Erde allmählich immer langsamer wird, indess es hat dies bisher durch astronomische Beobachtungen nicht nachgewiesen werden können, es gehören dazu vermuthlich sehr grosse Zeiträume. Die Erde selbst bietet demnach das denkbar vollkommenste Uhrwerk dar und alle Uhren werden nach ihrem Gange gestellt. Der Verlauf einer Umdrehung der Erde ist ein Tag und wird in 24 Stunden eingetheilt, deren Zählung von dem Stande der Sonne abhängig ist. Bürgerlich beginnt der Tag in der Mitte der Nacht und werden die Stunden von 1—12 gezählt, worauf Mittags eine neue Zählung von 1—12 Uhr beginnt. Alle derartigen Zeitangaben müssen deshalb noch nähere Bezeichnungen erhalten, um Gewissheit zu haben, welcher Theil des Tages gemeint ist.

Da nun in der Astronomie die Zahl allein entscheiden soll, so konnte man sich mit dieser, eine gewisse Unsicherheit bedingenden Zeitrechnung nicht einverstanden erklären, und zählen daher die Astronomen die Zeit eines Tages von 0 bis 24 Stunden, sie sprechen von 13 Uhr, 17 Uhr etc., was im gewöhnlichen Verkehr nicht üblich ist.

Die Astronomen begannen ihren Tag früher ebenfalls um Mitternacht, sodass 14^h zwei Uhr Nachmittag bedeutete, die moderne Astronomie hat dies aber abgeändert und zählt den Tag vom Mittag ab, der mit 0^h bezeichnet wird. Dieses Arrangement bietet einige Vortheile in technischer Beziehung, ist aber mit dem grossen Uebelstande behaftet, dass jeder einzelne Tag eine zweifache Bezeichnung mit Rücksicht auf seine Lage im Monat erhalten muss. Das Datum Sept. 10 Vormittags 11 Uhr ist nach astronomischer Zählung Sept. 9, 23 Uhr, während die Nachmittagstunden auf den 10. September fallen.

Es ist nicht abzuleugnen, dass hierin eine stete Quelle für Irrthümer vorhanden ist, da alle bürgerlichen Einrichtungen darauf beruhen, das Datum zwischen Morgen und Abend nicht zu wechseln. Neuerdings haben sich denn auch Stimmen erhoben für eine Wiedereinführung der alten Zählung, und zwar hat man für diese allerdings schwerwiegende Aenderung den Uebergang vom 19. nach dem 20. Jahrhundert vorgeschlagen, damit ein auffallender Merkstein für diese Aenderung gewonnen wird und Irrthümer in späteren Rechnungen möglichst vermieden werden.

Es steht dahin, ob dieser Vorschlag die allgemeine Zustimmung findet, welche zur Ausführung des alle Nationen betreffenden Wechsels erforderlich ist. —

Wir haben bisher von der Länge des Tages als von einer bestimmt abgemessenen Zeitgrösse gesprochen, welche genau einer Umdrehung der Erde um ihre Axe entspricht. Dieser Tag, auch Sterntag genannt, findet aber nur in der Astronomie Verwendung, er wird nach der Wiederkehr einer unendlich weit entfernten Marke am Himmel, eines Sterns, in den Meridian eines Ortes der Erde bemessen. Der bürgerliche Tag ist von diesem Tage um etwa vier Minuten verschieden, er entspricht also nicht genau einer Umdrehung der Erde, sondern hängt von der Wiederkehr der Sonne in den Meridian eines Ortes (Culmination) ab. Die Culminationen der Sonne, als eines weit aber nicht unendlich weit entfernten Objectes, erfolgen aber in ungleichen Zwischenräumen, je nach der Stellung der Erde in ihrer elliptischen Bahn. Der Sonnentag ist daher eine veränderliche Grösse und nicht ohne Weiteres geeignet den Gang der Uhren zu controliren. Da indess die Sonne für die Eintheilung des bürgerlichen Tages massgebend ist, so hat man sich zur Annahme einer Zeit geeinigt, welche sich der variablen Sonnenzeit so gut als möglich anpasst und daher den Namen „mittlere Zeit“ führt. Die täglichen Differenzen zwischen mittlerer und Sonnenzeit werden „Zeitgleichung“ genannt, und sind in jedem Kalender angegeben. Nach dieser bürgerlichen „mittleren Zeit“ gehen alle Uhren der Erde, mit Ausnahme der wenigen astronomischen Uhren, welche Sternzeit angeben.

Das Mass der Zeit ist also für alle Punkte der Erdoberfläche dasselbe, nicht aber der Beginn der Zählung. Nur alle Orte, deren Verbindungslinie der Nord-Süd-Richtung entspricht, mit anderen Worten, die auf demselben

Meridian liegen, haben denselben Mittag. Alle Orte, die östliche oder westliche Abweichung zeigen, haben verschiedene Ortszeit, die von der geographischen Längendifferenz abhängt. Wie bereits oben S. 38 angedeutet, hat man neuerdings durch die Einführung gleicher Zeit für die Zwischenräume von je zwei um 15° resp. eine Stunde auseinander liegenden Meridianen die zahllosen Ortszeiten vermindert. —

Auch in der Astronomie wird die mittlere Zeit vielfach angegeben, ganz besonders, wenn es sich um Planetenbeobachtungen handelt. Wenn eine Sternzeit-Uhr verwendet wurde, muss dies besonders angegeben sein, jedoch selbst wenn es unterlassen wurde, kann man zumeist noch ermitteln, welche Zeit nur gemeint sein kann, da die Sternzeit das ganze Jahr über in einem wechselnden Verhältniss zur mittleren Zeit steht, hervorgerufen durch die tägliche Differenz von 4 Minuten. Der Sterntag ist um 4 Minuten kürzer als der mittlere Tag, die Secunden der Sternzeit sind daher um eine Wenigkeit kürzer als die Secunden der mittleren Zeit. In den astronomischen Jahrbüchern finden sich Tabellen, mit Hülfe welcher die Verwandlung von Sternzeit in mittlere Zeit mit Leichtigkeit erfolgen kann, auch ist für jeden Tag die Sternzeit im mittleren Mittag angegeben, wodurch es möglich wird jede Angabe von Sternzeit in mittlere Zeit zu verwandeln und umgekehrt.

Es wird nicht überflüssig sein hier ein Beispiel anzugeben, da derartige Verwandlungen oft vorkommen.

Angenommen, es läge das Datum Greenwich, 1894, November 29, $22^h\ 33^m\ 26^s$ Sternzeit vor und es sollte die entsprechende für Berlin gültige mitteleuropäische Zeit gefunden werden. Im „Nautical Almanac" findet sich für November 29 die Sternzeit im mittleren Mittag zu 16^h 33^m 26^s angegeben, folglich bezieht sich das Datum genau auf 6 Uhr Nachmittag, dies sind aber 6 Sternzeitstunden, die 5^h 59^m 1^s mittlerer Zeit gleichkommen. Das reducirte Datum ist also, da mitteleuropäische Zeit genau eine Stunde später ist als mittlere Greenwich-Zeit:

1894, Nov. 29, 6^h 59^m 1^s mitteleuropäische Zeit.

Es möge an diesem Beispiele noch gezeigt werden, dass, wenn die Sternzeitangabe fehlte, man doch unter gewissen Voraussetzungen ausfindig machen kann, welcher Zeitpunkt gemeint ist. Wenn es sich z. B. um die Beobachtung eines Planeten handelt, der nur Nachts gesehen werden kann, so ist gleich entschieden, dass Sternzeit gemeint ist, denn 22^h 33^m mittlere Zeit würde $10^1/_2$ Uhr Vormittags, also heller Tag sein. Auch der Auf- und Untergang des Planeten ist bei derartigen Erwägungen oft ausschlaggebend.

Wir haben uns bei diesem Gegenstande etwas länger aufgehalten, da es in der That bei älteren Schriftstellern vorkommt, dass eine Angabe über die Art der Zeit fehlt. —

Was nun die Lage der Rotationsaxe der Erde anbelangt, so wissen wir bereits, dass sie ein ebenso wichtiges Fundament für die Eintheilung des Weltraumes ist, als die Drehung der Erde für die Ermittelung der Zeit. Die Erdaxe nach beiden Richtungen hin verlängert, strebt den angenommenen Polen des Weltgebäudes zu. Die Aequatorialebene bis ins Unendliche ausgebreitet, theilt den gesammten Raum in zwei Theile. Nehmen wir noch eine Richtung im Aequator an, so können alle Oerter im Raume mit Rücksicht auf die vorhandene Fundamentalebene bezeichnet werden. Diese Richtung entspricht der Durchschnittslinie von Aequator und Ekliptik (Frühlings- und Herbstpunkt).

Die Neigung des Aequators gegen die Ekliptik, die Schiefe der Ekliptik, beträgt rund $23^1/_2{}^\circ$ und bedingt den Jahreszeitenwechsel. Stünde die Erdaxe senkrecht auf der Erdbahn, so würden alle Theile der Erdoberfläche das ganze Jahr über Tag- und Nachtgleiche haben, und eine gleichmässige Bestrahlung durch die Sonne erfahren. Die Schiefe der Ekliptik bringt aber im Verlauf eines Jahres die Erdoberfläche in verschiedene Stellungen zur Sonne, wodurch heftige Reactionen in der Atmosphäre und starke Temperatur-Schwankungen hervorgerufen werden. In den Aequatorialgegenden werden die Grenzen der Jahreszeiten mehr oder weniger verwischt, da die Kippung der Erdaxe nicht stark genug ist, um dort die Bestrahlung durch die Sonne wesentlich zu verändern, der Wechsel tritt aber gegen die Pole hin beträchtlich hervor.

Die Schiefe der Ekliptik ist eine nur wenig veränderliche Grösse; während das Fortschreiten der Nachtgleichen sehr merklich ist, wird die Schiefe der Ekliptik von den Schwankungen der Erdaxe nicht betroffen, es ist dies in der Art der gyratorischen Bewegung begründet. Die geringen Variationen in der Schiefe der Ekliptik werden durch Einwirkung der übrigen Planeten auf die Erde bewirkt.

Die mittlere Schiefe der Ekliptik betrug am 1. Januar 1893 $23^\circ\,27'\,11''.36$, ein Jahr darauf, zur selben Zeit, $23^\circ\,27'\,10''.89$.

Der Eindruck, welchen die Erdkugel einem ausserhalb befindlichen Beobachter machen würde, weicht wesentlich davon ab, wie uns die bisher betrachteten Planeten Jupiter, Saturn etc. erscheinen. Die Erde hat eine theilweise durchsichtige Atmosphäre, die nur hin und wieder von Verdichtungs-Producten des Wasserdampfes von Wolken getrübt wird. Für die Bewohner ein Umstand von grosser Bedeutung, denn wie ganz anders würde sich das organische Leben gestalten, wenn die Strahlen der Sonne nur als zerstreutes, schwaches Licht die Erdoberfläche träfen, ein Zustand, der auf den meisten Planeten zu walten scheint. Unsere Ländermassen und Wasserflächen würden also von aussen wahrgenommen werden können. Die Meere vielleicht als dunklere Stellen, die Continente als helle Flecken, die Schneeflächen der Pole als glänzende Regionen. Das Ganze partiell getrübt durch Wolkenanhäufungen. Ein Anblick, der vermuthlich demjenigen des Planeten Mars ähnlich sein würde, wie wir in der Folge erfahren werden.

Der Erdmond muss ein sehr in die Augen springendes Object sein, da sein Durchmesser etwas mehr als $^1/_4$ des Erddurchmessers beträgt, ein Verhältniss zwischen Planet und Satellit, wie es sonst im Sonnensysteme nicht wahrgenommen wird. Der Erdmond würde nicht entfernt so schwierig aufzufinden sein, als z. B. die Marsmonde, die sich so lange der Entdeckung entzogen haben. Der Mondschatten, welcher bei Sonnenfinsternissen die Erde trifft, würde demgemäss auch sehr auffallen.

Wir werden auf den Mond noch besonders zurückkommen, und wenden uns zunächst denjenigen physikalischen Verhältnissen der Erde zu, welche einer äusseren resp. kosmischen Beeinflussung unterliegen, und somit geeignet sind die im Sonnensystem waltenden Kräfte zu charakterisiren.

Wir wissen, dass die Sonnenwärme einen gewaltigen Einfluss auf die Zustände der irdischen Atmosphäre ausübt. Die Sonne verdunstet das Wasser der Seen und Meere, welches dann als Regen der Erdoberfläche wieder zugeführt wird, ein Vorgang, der die Hauptbedingung für das Gedeihen der Pflanzenwelt erfüllt und durch den somit auch die Ernährungsfrage für einen grossen Theil der animalischen Wesen gelöst wird.

Ein Theil des verdunsteten Wassers condensirt sich an den kalten Bergspitzen, bildet dort die riesigen Eisströme, Gletscher genannt, deren gefrorene Massen sich langsam gegen die Thäler hin bewegen und dort die Quellen von zahlreichen Bächen bilden. Die Bäche vereinigen sich zu Flüssen und Strömen, welche die Länder durchfluthen und vielfach in den Dienst der Menschheit gestellt werden. Schliesslich münden sie wieder in die Weltmeere. Dieser Kreislauf findet ununterbrochen statt, in ihm pulsirt gewissermassen das Leben der Erde, mit seinem Aufhören würde die Bewohnbarkeit in Frage gestellt werden, die Erde würde veröden.

Die Sonnenwärme bedingt auch das Entstehen der Strömungen, welche das Luftmeer aufwühlen. Diese Kraftäusserungen dienen dem Ausgleich der Temperaturen, das Klima mancher Strecken hängt ganz von den daselbst herrschenden Windrichtungen ab.

Die Erde bietet aber noch Erscheinungen dar, die einen elektromagnetischen Charakter tragen und deren Wechsel auf Beeinflussungen von ausserhalb zurückgeführt werden muss; vielleicht ist auch in diesem Falle die

Sonne das treibende Agens, denn die neuere Physik lehrt, dass die verschiedensten Kraftäusserungen in einander umsetzbar sind. Es lässt sich Wärme in mechanische Kraft, diese wieder in Elektricität und Licht verwandeln. Die Sonne ist ein ungeheuerer Wärmequell, welcher selbst in der Entfernung von 20 Millionen Meilen noch gigantische Kraftwirkungen auszuüben vermag, deren Umsetzung in strömende Elektricität nicht als unwahrscheinlich gelten kann. Es fehlt indess hier noch an befriedigenden Erklärungen und wir möchten daher vorerst nur die beobachteten Thatsachen reden lassen.

Die wunderbare Eigenschaft des Eisens, unter gewissen Verhältnissen zum Magnet zu werden und andere Eisentheile anzuziehen, haftet auch dem gesammten Erdkörper an, woraus wir den Schluss ziehen dürfen, dass die Masse der Erde namhafte Parthien Eisen enthält, welcher Annahme das Verhältniss der Erddichte zum specifischen Gewichte des Eisens (5.6 : 7.2) nicht widerspricht. Die Eisenmassen der Erde sind magnetisch, sie richten die Nadel des Kompasses gemäss der vorhandenen Polarität.

Jeder Magnetstab zeigt, wie bekannt, stets zwei verschiedene Pole, d. h. verschiedene Eigenschaften an seinen Endflächen, die nur mit Hülfe eines zweiten Magneten ausfindig zu machen sind. Setzen wir zwei cylindrische Stahlkörper, die in gleicher Weise magnetisch gemacht worden sind, voraus und bezeichnen die Pole des einen Magneten mit N und S, die des anderen mit N, und S,, so ziehen sich nur die ungleichen Buchstaben an, also N und S, und N, und S. Die gleichartig bezeichneten Pole stossen sich ab. Wird nun ein solcher Magnet in seiner Mitte befestigt und frei schwebend an einem Faden aufgehängt, so nimmt er nach einigen Schwingungen bald eine bestimmte Lage ein, das eine Ende zeigt ungefähr nach Norden, das andere demgemäss nach Süden. Es kann nur die Erde sein, welche den Magnetstab richtet und zwar wissen wir durch dieses einfache Experiment sofort, wo die magnetischen Pole der Erde zu suchen sind, denn da ungleichartige Pole sich anziehen, so wird der frei bewegliche Magnet nicht eher ruhen, als bis seine Pole den entgegengesetzten magnetischen Polen der Erde zugewandt sind.

Da nun die Richtung eines frei aufgehängten Magnetstabes oder sagen wir kürzer einer Magnetnadel nahezu mit der Nordsüdrichtung zusammenfällt, so hat man das nach Norden gerichtete Ende der Magnetnadel den Südpol, das nach Süden gerichtete den Nordpol genannt.

Es muss ausserordentlich auffallen, dass die magnetischen Pole der Erde in die Nähe der Rotationspole fallen. Wenn die kugelförmige Erde grosse Eisenmassen enthält, welche magnetisch sind, so ist nicht anzunehmen, dass diese Massen eine excentrische Lagerung innerhalb der Erde haben, und es könnte nicht Wunder nehmen, wenn die magnetischen Pole eine ganz andere Lage hätten. Ist es nur Zufall, dass die magnetischen Pole den Rotationspolen nahe liegen, oder erklärt sich die vorhandene Polarität durch den Ursprung des Erdmagnetismus? Um dieser unentschiedenen Frage etwas näher zu treten, dürfte es von Vortheil sein, einige Betrachtungen über die möglichen Ursachen der magnetischen Eigenschaften der Erde anzustellen. Wir wissen, dass das Eisen nur unter bestimmten Verhältnissen dauernd magnetisch zu machen ist, nämlich wenn es einen gewissen Procentsatz Kohlenstoff enthält, wenn es Stahl ist. Die Bedingungen der Magnetisirung sind dann am günstigsten, wenn der Stahl gehärtet ist, d. h. in glühendem Zustande rasch abgekühlt wurde.

Es liegt kein Grund vor, an einem der Magnetisirung günstigen Zustande der Eisenmassen der Erde zu zweifeln, um so mehr, als an Bruchstücken des Weltbaustoffes, an zugeflogenen Meteorsteinen der magnetische Zustand nachgewiesen worden ist. Aber die Annahme eines dauernden Magneten steht im Widerspruch mit den Variationen der Magnetnadel, welche sich bei genauer Beobachtung gezeigt haben. Man hat gefunden, dass die Richtung der Magnetnadel nicht Jahr aus Jahr ein dieselbe bleibt, die Abweichung von der Nordsüdlinie (Declination) ist nicht immer dieselbe, sie ändert sich um kleine Beträge, die von der Tageszeit abhängen, zeigt aber auch säculare Aenderungen, die viele Grade betragen.

Es scheint hiernach, dass ein ruhender Magnet in der Erde nicht vorhanden und dass eine Erklärung für die Variationen der Magnetnadel zu suchen ist. Hierbei bleibt kaum ein anderer Ausweg, als die Annahme von elektrischen Strömen.

Strömende Elektricität steht in sehr naher Beziehung zum Magnetismus, sie vermag Magnete zu erzeugen und Magnetnadeln abzulenken, wobei die Richtung des elektrischen Stromes in Betracht kommt. Ein Stück weiches Eisen, welches nicht im Stande ist dauernd magnetisch zu sein, wird in jedem beliebigen Grade magnetisch, so lange es von einem galvanischen Strome umkreist wird, der in einem metallischen Leiter, sagen wir in einem Kupferdrahte, fliesst. Merkwürdig ist ferner, dass auch der stromdurchflossene Kupferdraht ohne das Eisen ganz die Eigenschaften eines Magneten annimmt.

Denken wir uns die Erde als einen stromdurchflossenen Leiter, so würde die Beobachtung der Magnetnadel Folgerungen auf die Stromesrichtung gestatten, denn es existirt ein Gesetz, welches von Ampère in folgende bildliche Form gebracht worden ist: „Eine mit dem positiven elektrischen Strome schwimmende menschliche Figur, welche der Magnetnadel das Gesicht zukehrt, wird den Südpol der Nadel nach rechts abweichen sehen". Auch ist nachgewiesen, dass der elektrische Strom bestrebt ist, eine Magnetnadel senkrecht zu seiner Richtung zu stellen.

Man würde hieraus zu folgern haben, dass die elektrischen Ströme der Erde, welche die Nadel nahezu in die Nordsüdrichtung bringen, nicht viel von der Umdrehungsrichtung der Erde abweichen, und dass die Elektricität, einen positiven Strom vorausgesetzt, von West nach Ost, also im Sinne der Erdrotation strömen würde.

Obgleich das Vorstehende auf hypothetischen Voraussetzungen beruht, so scheinen doch die Beobachtungen darauf hinzudeuten, dass Beziehungen zwischen Rotation und Stromesrichtung bestehen, die wohl kaum als zufällige angesehen werden können.

Die Existenz von elektrischen Strömen in der Erde würde die Schwankungen der Magnetnadel zwanglos erklären, da kleine Variationen in Intensität und Richtung der Ströme wohl nicht auffällig erscheinen würden.

Aber wir kommen nun zu der weiteren Frage, welches ist der Ursprung der elektrischen Ströme, resp. des Erdmagnetismus, und hierdurch berühren wir ein äusserst interessantes und noch sehr der Aufhellung bedürfendes Gebiet der kosmischen Physik. Durch Jahrzehnte fortgesetzte Beobachtungen haben ergeben, dass ein Zusammenhang zwischen der Sonne und dem Erdmagnetismus bestehen muss. Die Sonne beeinflusst in gewissem Grade die Magnetnadel, und weil sie dies vermag, drängt sich die Vermuthung auf, dass die Sonne die Ursache für alle elektromagnetischen Erscheinungen der Erde sei und dass hierbei vielleicht, wie oben angedeutet, eine Umsetzung von Wärme in Elektricität stattfindet.

Trotz aller Forschungen ist es bis jetzt nicht gelungen in dieser Richtung den ursächlichen Zusammenhang zu erkennen, und man ist nach wie vor bestrebt das Beobachtungsmaterial zu vermehren und eine möglichst sichere Grundlage für die Erklärung dieser räthselhaften Beziehungen zwischen Sonne und Erde, die wir nun etwas eingehender beleuchten wollen, zu schaffen.

Die Sonne, jener ungeheuere Licht- und Wärmequell für das Planetensystem, zeigt bekanntlich auf ihrer Oberfläche dunkle Flecke, bald viel, bald wenig. Dies musste auffallen und man begann fortlaufende Zählungen der Flecke; später, als die Wichtigkeit derartiger Beobachtungen mehr hervortrat, wurde die Beschaffenheit der Sonnen-Oberfläche durch photographische Abbildungen fortlaufend registrirt. Bald konnte eine regelmässige Schwankung in dem Erscheinen der Sonnenflecke festgestellt werden, es zeigte sich, dass nach Verlauf von je 11 Jahren die

Häufigkeit der Sonnenflecke gipfelte, und dass dazwischen Zeiten lagen, in denen nur wenig Flecke gesehen werden konnten. Merkwürdiger Weise beobachteten die Physiker in den magnetischen Observatorien ganz gleichlaufende Schwankungen in den Oscillationen der Magnetnadel.

In den isolirten und gänzlich eisenfreien Observatorien, welche speciell dem Studium des Erdmagnetismus gewidmet sind, werden die Schwingungen frei aufgehängter Magnetstäbe auf das genaueste verfolgt und registrirt, und zwar in der Neuzeit auch auf photographischem Wege. Dadurch, dass man die Magnete mit kleinen Spiegeln versieht, von denen das Licht einer Lampe reflectirt wird, lassen sich die kleinsten Schwingungen oder Beunruhigungen der Magnete sichtbar machen. In sonnenfleckenreichen Jahren zeigen sich nun auffallende Störungen in den regelmässigen Schwingungen der Magnete, während in sonnenfleckenarmen Jahren verhältnissmässige Ruhe herrscht. Die Uebereinstimmung der Erscheinungen ist bereits für eine lange Reihe von Jahren constatirt und kann unmöglich als etwas zufälliges angesehen werden.

Berücksichtigt man, dass die Sonnenflecke im Zusammenhange mit den Ausbrüchen aus dem Innern der Sonne stehen, dass sie augenscheinlich nur eine Folge dieser Eruptionen sind, so wird die Richtung kenntlich, in der weitere Fortschritte bei Erforschung dieses interessanten Gegenstandes zu erwarten sind. Es liegt eine Fernewirkung der Sonne vor, und wäre es von grösster Bedeutung zu wissen, welcher Art diese Kraftäusserung ursprünglich ist. Die Sonne wirkt auf die Planeten, insbesondere auf die Erde, durch Anziehung, ferner durch

Aussendung von Licht und Wärme; dass auch eine directe elektrische Fernewirkung stattfindet, ist nicht hinreichend erwiesen. Da nun die Gravitation und das Licht bei der Erklärung des Erdmagnetismus wohl kaum in Betracht kommen, so bleibt eigentlich nur übrig, die Wärmewirkung der Sonne als Entstehungsursache zu betrachten.

Dass in der Atmosphäre der Erde ein Umsatz von Sonnenwärme in Elektricität stattfindet, beweisen die heftigen Entladungen bei Gewittern, welche zumeist nur dann auftreten, wenn die Bestrahlung durch die Sonne eine besonders intensive ist. Es sind auch elektrische Entladungen bei vulcanischen Ausbrüchen beobachtet worden, bei denen stark erhitzte Gasmassen in der Atmosphäre aufsteigen und wo anscheinend ebenfalls die ursprüngliche Wärmewirkung als Elektricität in die Erscheinung tritt.

Auch existirt noch ein anderes Phänomen, welches von der grösseren oder geringeren Activität der Sonne abhängig ist. Es sind dies die Nordlichter, die zwar in den polaren Gegenden stets vorhanden sind, die sich aber in fleckenreichen Jahren weiter gegen den Aequator hin ausdehnen und dann auch in mittleren Breiten gesehen werden. Die Nordlichter stehen in unmittelbarerer Beziehung zu den magnetischen Störungen als die Sonnenflecke, insofern als jedes grössere Nordlicht eine Unruhe der Magnetnadel mit sich bringt, während das nicht bei jedem grossen Sonnenfleck der Fall ist. Der Parallelismus gilt in diesem Falle nur für grössere Zeiträume.

Der Umstand, dass die Nordlichter, deren elektrischer Charakter deutlich hervortritt, von den polaren Gegenden ausgehen, die im schroffen thermischen Gegensatz zu den Aequatorial-Gegenden stehen, scheint dem Verfasser wiederum darauf hinzudeuten, dass auch diese Erscheinung auf eine ursprüngliche Wärmewirkung zurückzuführen sein dürfte.

Es konnte nicht rathsam erscheinen, bei der Behandlung des vorstehenden interessanten Stoffes nur die verbürgten Thatsachen anzuführen, und so wurde versucht die Beobachtungen durch hypothetische Annahmen zu verbinden, welche geeignet waren den Ursprung der Phänomene und ihre Zusammengehörigkeit etwas weniger räthselhaft erscheinen zu lassen. Das eingeschlagene Verfahren möge noch dadurch begründet sein, dass es für eine endgültige Lösung der vorliegenden Probleme nicht genügen kann weiteres statistisches Beobachtungsmaterial anzuhäufen, sondern es müssen hypothetische Annahmen gemacht werden, deren Prüfung auf Wahrscheinlichkeit durch das physikalische Experiment erfolgen kann.

Der Mond der Erde.

Die mittlere Entfernung des Mondes von der Erde beträgt rund 384400 Kilometer oder 51803 geogr. Meilen. In dieser Entfernung erscheint der Mond unter einem Winkel von 31′ 4″.5, sein Durchmesser beträgt daher 468.2 Meilen. Die Masse des Mondes konnte mit Hülfe von Fluthbeobachtungen bestimmt werden und verhält sich nach den neuesten Bestimmungen zur Erdmasse wie $1:(81.068 \pm 0.238)$.

Die Dichtigkeit berechnet sich hieraus, unter der Voraussetzung der Kugelgestalt des Mondes, zu 3.39 oder

West.

Ost.

$^{6}/_{10}$ der Erddichte. Da bei dem Monde eine einhüllende Wolkendecke nicht vorhanden ist, so würde das specifische Gewicht 3.39 darauf hindeuten, dass der Mondkörper aus etwas leichteren Stoffen als die Erde aufgebaut ist. Es bleibt aber zu bedenken, dass die Dichtigkeit des Mondes noch immer diejenige des Granitgesteins (2.63 — 2.65) ganz wesentlich überragt, sodass man nicht genöthigt ist sich den Mond aus schaumiger Lava bestehend vorzustellen, wie man vielleicht in Anbetracht des vulkanischen Charakters der Mondgebirge geneigt sein könnte. Das specifische Gewicht schliesst es nicht aus, dass das Mondinnere ebenso wie die Erde neben leichteren Gesteinen grössere Eisenmassen einschliesst.

Was die Oberfläche des Mondes anbelangt, so ist zunächst zu constatiren, dass der Nachweis einer durchsichtigen Gashülle bisher nicht recht gelungen ist; wenn der Mond trotzdem Stoffe in gasartigem Zustande besitzt, so hat sich möglicher Weise der grösste Theil derselben auf die Rückseite des Körpers geflüchtet, die wir nicht beobachten können, weil der Mond uns stets dieselbe Hemisphäre zukehrt oder mit anderen Worten eine Umdrehung um seine Axe und einen Umlauf um die Erde in derselben Zeit, in ungefähr einem Monat, vollendet. Die Ansicht von einer einseitigen Atmosphäre ist nicht als aus der Luft gegriffen zu erachten, sondern es wurde die Möglichkeit dieses Zustandes von Hansen zugegeben, der aus seinen Rechnungen eine excentrische Lagerung der leichteren und schwereren Massen im Mondkörper folgerte. Man darf wohl immer noch eher geneigt sein sich diese Vorstellung zu machen, als anzunehmen, dass der Mond gar keine gasartigen Stoffe beherberge. Wie der Zusammenhang auch sein möge, die Mondbeobachtungen werden jedenfalls nicht merklich durch lunare Strahlenbrechung und nicht im geringsten durch atmosphärische Condensationsproducte (Wolken) beeinträchtigt. Stets liegt diese öde Gebirgslandschaft in vollem ungetrübten Sonnenschein vor unseren Blicken, vorausgesetzt, dass die Erdatmosphäre es nicht verhindert.

Die Oberfläche des Mondes zeigt zwar verschiedene Tonabstufungen, aber keine auffälligen Unterschiede in der Färbung. Es scheint Alles mit demselben Stoffe überzogen, gewissermassen überschneit zu sein, wenn auch nicht so dicht, dass die gröberen Unebenheiten der Oberfläche ausgeglichen sind.

Wir wissen, dass in einiger Entfernung von der Erdoberfläche, z. B. in 20000 Fuss Höhe, die Sonne nicht vermag den Schnee zu schmelzen. Der Grund hierzu liegt nur in der Luftverdünnung, welche in solchen Höhen herrscht. Anscheinend ist nun die Dichtigkeit der Mondatmosphäre noch erheblich geringer als diejenige der Luft auf den Höhen unserer Gebirge, etwa vorhandenen Schnee könnte man sich folglich auf dem Monde als durch die Sonne unschmelzbar vorstellen. Es fragt sich nur, ob diese Ansicht, die sich auf den Anblick der Mondoberfläche gründet, noch durch Resultate physikalischer Forschung gestützt werden kann. Die mittlere lichtreflectirende Kraft der Mondoberfläche (Albedo) ist nach den Beobachtungen namhafter Astronomen nicht viel grösser als bei verwittertem Sandstein und steht ganz beträchtlich hinter der Albedo frisch gefallenen Schnees zurück, aber es giebt doch auch Stellen auf der Mondoberfläche, die viel heller, nach F. Zöllner 10 Mal heller sind, als andere, dunklere Stellen, so dass wenigstens theilweise die Annahme einer Schneedecke gerechtfertigt wäre. Dürfte man sich einen Theil dieses ewigen Schnees mit Gesteinsstaub (kosmischem Staub?) vermengt denken, so würde die photometrische Beobachtung mit dem einfachen Anblick in Uebereinstimmung gebracht werden können. Der hypothetische Charakter vorstehender Erörterungen bleibt natürlich trotzdem bestehen, und war es mehr die Absicht des Verfassers, eine zutreffende Schilderung von dem teleskopischen Anblick der Mondoberfläche zu geben, als die interessante, aber noch schwebende Frage endgültig zu entscheiden, woraus die äusserste Schicht des Mondes bestehe. So viel darf aber behauptet werden, dass der Mond einem ausserhalb befindlichen Beobachter einen von der Erde sehr abweichenden Eindruck hervorrufen würde. Die gesammte sichtbare Hemisphäre des Mondes hat einen ausgesprochen gebirgigen Charakter und zwar in viel höheren Grade als die Erdoberfläche, auch erreichen die Berge im Vergleich zum Durchmesser eine grössere Höhe. Das Studium dieser Gebirgsformationen und sonstigen Unebenheiten des Mondes bildet das grosse Gebiet der Selenographie, der sich bisher nur ein sehr beschränkter Kreis von Astronomen gewidmet hat. Die grosse Stabilität in den lunaren Verhältnissen, die Unmöglichkeit die ganze Oberfläche kennen zu lernen, das Fehlen einer Atmosphäre, all diese Umstände tragen dazu bei, das Interesse an der physikalischen Untersuchung abzuschwächen. Die Hauptaufgabe der Untersuchung erstreckt sich auf die Herstellung von Karten der Mondoberfläche und dies erfordert bei directer Beobachtung der zahllosen Einzelheiten unter den wechselnden Beleuchtungsverhältnissen einen ungeheueren Aufwand von Zeit.

Gegenwärtig kann man sich darauf beschränken, photographische Aufnahmen der Mondoberfläche mit geeigneten Instrumenten herzustellen, dieselben bilden das beste Material für spätere Vergleichungen und für den Nachweis etwaiger Veränderungen, die seit Verbesserung der Fernröhre nur in sehr geringem Grade vorgekommen zu sein scheinen.

Eine genaue Beschreibung der Mondoberfläche würde über den Rahmen des vorliegenden Buches hinausgehen, und beschränken wir uns darauf, unter Hinweis auf Abbildung S. 120 u. 121, anzuführen, dass man die hauptsächlichsten Formationen der Mondoberfläche in drei Classen theilt: in die Ebenen, Krater und Berge. Bei den Ebenen unterscheidet man dunklere (Meere) und hellere. Es existiren ausserdem noch feine Spalten, die die Bezeichnung „Rillen" führen und von denen mit der Zeit wohl an 1000 aufgefunden worden sind. Dürfte man die Oberfläche des Mondes als vollständig vereist ansehen, so könnten diese Rillen vielleicht als Berstungen in der Eisdecke, ähnlich unseren Gletscherspalten, angesehen werden.

Eine auffallende Erscheinung bieten ferner die Streifen dar, welche von einem Punkte ausgehend sich strahlenförmig über grosse Strecken ausbreiten. Das grösste dieser Strahlensysteme ist das des Berges Tycho, wo ein Streifen über 400 geogr. Meilen lang ist.

VENUS.

Da Venus die Sonne in engerer Bahn umkreist, als die Erde, so kann sie in allen möglichen Lichtgestalten (Phasen) erscheinen. Wir kennen Venus als volle Scheibe, als halbvoll und als fadenförmige Sichel, gerade so, wie wir dies bei dem Erdmond gewöhnt sind. Eine Opposition, bei welcher die Erde zwischen Sonne und Venus stehen müsste, ist undenkbar, dafür kennt man eine obere und eine untere Conjunction, je nachdem der Planet sich hinter oder vor der Sonne befindet. Der letztere Fall schliesst die Venusvorübergänge ein, bei denen sich die Venusscheibe auf die Sonnenscheibe selbst projicirt.

Der Durchmesser der Venus ist mit Rücksicht auf die Ermittelung der Sonnenparallaxe vielseitig bestimmt worden. Durch Verwerthung der besten Messungen mit dem Doppelbildmikrometer erhielt E. Hartwig

$$17''.552$$

für die Einheit der Entfernung, also für eine Distanz, welche dem mittleren Abstande der Erde von der Sonne gleicht. Es ist sehr beachtenswerth, dass die Messungen der Venus vor der Sonnenscheibe, also bei Venusvorübergängen, wo sie als dunkles Scheibchen erscheint, einen weit geringeren Werth ergeben. Die Venus zeigt sich demnach vor der Sonne kleiner, als wenn sie, ein helles Gestirn, am dunklen Himmel beobachtet wird. Da der Einfluss der Irradiation (die scheinbare Verkleinerung einer dunklen Scheibe auf hellem Grunde) zur Erklärung der bestehenden Differenz nicht ausreicht, so bleibt nur übrig die Abweichung der

Durchmesser durch den Einfluss einer Venusatmosphäre zu erklären, welche die Sonnenstrahlen von ihrer geradlinigen Bahn ablenkt. —

Das Verhältniss der Venusmasse zur Sonnenmasse ist:

$$1 : (408968 \pm 1874).$$

Da ein Venusmond bisher nicht aufgefunden wurde, so konnte dieser Werth nur auf indirectem Wege bestimmt werden.

Unter Annahme des Durchmessers von $17''.552$ ergiebt sich die Dichtigkeit der Venus zu 4.49, also zu ungefähr 0.8 der Erddichte. Wir können hierin einen Hinweis auf die Existenz einer mit Condensationsproducten erfüllten Atmosphäre erblicken, welche den wirklichen massiven Kern verhüllt. Es wird eine solche Annahme dadurch gestützt, dass scharf gezeichnete Formationen, wie sie z. B. Mars darbietet, und wie sie die Erde darbieten würde, bisher nicht wahrgenommen worden sind. Man kann wohl hin und wieder auf der eine grosse Fülle von weissem Lichte ausstrahlenden Scheibe einige dunkle oder auch noch hellere Partien erkennen, aber bei ihren verschwommenen Umrissen können diese Flecke nach der Meinung des Verfassers nur atmosphärischen Ursprunges sein und rühren muthmasslich nur von der Bestrahlung einer lückenlosen Wolkenhülle durch die Sonne her.

Für das Studium des Planeten ist dieser Zustand sehr ungünstig, es wird kaum möglich sein durch directe Beobachtung Bestimmtes über die Rotationsdauer und über die Axenlage zu ermitteln. Man hat vorgeschlagen, das Spectroskop zur Lösung der Frage zu benutzen und wollen wir dieser Anregung Raum geben, um den Leser mit einer Verwerthung dieses modernen Hülfsmittels bekannt zu machen, welche manche schwierige astronomische Frage mit ungeahnter Leichtigkeit zu entscheiden vermag.

Wir besitzen in der prismatischen Zerlegung des Lichtes ein Hülfsmittel, Bewegungen im Raume an leuchtenden Körpern nachzuweisen, wenn sonst jeder Massstab dafür fehlt. Es beruht dies auf der durch die Erfahrung bestätigten theoretischen Folgerung Ch. Doppler's, wonach die Eigenschaften des Lichtes modificirt werden, sobald entweder die Lichtquelle oder der Beobachter oder auch beide in Bewegung sind, und zwar erscheinen die Lichtwellen bei Annäherung kürzer und bei Entfernung länger, was bei Vorhandensein einer hinreichend grossen Geschwindigkeit bewirken kann, dass ein rother Strahl sich in einen gelben, ein grüner sich in einen blauen verwandelt und umgekehrt, denn die Wellenlängen nehmen in der Reihenfolge der Spectralfarben (roth, gelb, grün, blau, violett) ab. Doppler berechnet sogar die Geschwindigkeit, mit welcher ein einfarbig violett leuchtendes Object sich von einem Beobachter entfernen müsse, damit es völlig unsichtbar werde, und erhält als Resultat 19000 Meilen pro Sekunde, bei Zugrundelegung einer Lichtgeschwindigkeit von 42000 Meilen. Dieses Rechnungs-Resultat ist praktisch kaum von Bedeutung, denn Geschwindigkeiten von 19000 Meilen und darüber sind wir wohl bei der Wellenbewegung von Imponderabilien (Weltäther) zu beobachten gewöhnt, grössere Massen indess können wir uns kaum in so rasender Schnelligkeit den Raum durcheilend vorstellen. Aber wenn es gelingen kann auch kleinere Aenderungen des Lichtes nachzuweisen, als sie in dem Uebergange von einer Farbe zur andern oder gar in einer vollständigen Auslöschung verlangt werden, so wäre das Doppler'sche Princip wohl anwendbar, Bewegungen im Raume nachzuweisen. Dies ist thatsächlich möglich, und zwar mit Anwendung der Fraunhofer'schen Linien, von denen wir wissen, dass sie bei ruhender Lichtquelle eine unverrückbare Stellung im Spectrum einnehmen, dass sie, mit anderen Worten, eine ganz bestimmte Wellenlänge haben, die mit grosser Genauigkeit bestimmbar ist. Wenn die Bewegung einer Lichtquelle nach Doppler, die Farben zu verschieben, mithin die Wellenlängen und auch die Brechungs-Verhältnisse des Lichts zu verändern vermag, dann müssen die Fraunhofer'schen Linien an dieser Verschiebung theilnehmen. Das Mass derselben lässt sich bestimmen, sobald man die Linien, welche die Lichtquelle zeigt, künstlich hervorruft und durch gleichzeitige Beobachtung den Unterschied in der Position feststellt. Man wählt als künstliche Lichtquelle zumeist elektrisch glühend gemachten Wasserstoff, weil dieser Körper im Weltenraume sehr verbreitet ist. Im Falle der Ermittelung der Rotationsgeschwindigkeit eines Planeten, der das Sonnenlicht mit seinen zahlreichen dunklen Linien zurückstrahlt, würde es gar keiner künstlichen Lichtquelle bedürfen, sondern man hätte nur das Licht zweier gegenüber liegender Punkte der Planetenscheibe mit einander zu vergleichen, von denen man annehmen kann, dass sie dem Aequator nahe sind.

Da der eine Punkt sich vermöge der Rotation uns nähert, der andere sich entfernt, so würde hierdurch von selbst der zu messende Ausschlag, d. i. die

Verschiebung der Fraunhofer'schen Linien, verdoppelt werden.

Kehren wir nach diesen einleitenden Bemerkungen zur Venus zurück und setzen voraus, dass dieselbe eine der Erde gleiche Rotationszeit von 24 Stunden und einen Durchmesser von 1712.6 geogr. Meilen habe, so bewegt sich ein Punkt des Aequators mit einer Geschwindigkeit von 0.062 Meilen in der Secunde, zwei gegenüberliegende Punkte entfernen sich daher von einander mit der doppelten Geschwindigkeit, also mit 0.124 Meilen. Der Nachweis der dieser Geschwindigkeit entsprechenden geringen Linienverschiebung würde nun allerdings sehr stark zerstreuende Prismen erfordern, was aber bei der grossen Helligkeit der Venus kein Hinderniss wäre. Sollte eine schnellere Rotation vorliegen, so würde dies natürlich nur zum Vortheil ihres spectroskopischen Nachweises sein, während das Ausbleiben jeder Verschiebung zu Gunsten einer langsamen Rotation sprechen würde*).

Die Forschungsresultate namhafter Beobachter, rücksichtlich der Oberflächen-Beschaffenheit der Venus, weichen übrigens von den oben dargelegten Anschauungen des Verfassers ab und wir wollen daher nicht verfehlen, auch dieser Resultate hier zu gedenken. Schiaparelli kommt auf Grund seiner Beobachtungen des Planeten zu folgenden Schlüssen: „Die Rotation der Venus ist sehr langsam und erfolgt in der Weise, dass während eines vollen Monats keine Bewegung der Flecke bemerkt werden kann. Die

*) Es möge noch hinzugefügt werden, dass Jupiter, auf dessen Aequator ein Punkt die Geschwindigkeit von 1.7 geogr. Meilen in der Secunde besitzt, in der angedeuteten Weise beobachtet worden ist und konnte hierbei die Verschiebung der Linien mit Leichtigkeit wahrgenommen werden.

Rotation vollzieht sich wahrscheinlich in 224.7 Tagen, also in einem Zeitraume, der einem Umlaufe der Venus um die Sonne gleicht, und um eine Axe, die nahezu senkrecht auf der Bahn steht. Eine Rotationszeit von ungefähr 24^h, wie sie de Vico gefunden hatte, ist gänzlich ausgeschlossen".

Nach dieser Anschauung würde also die Venus eine ähnliche Rolle gegenüber der Sonne spielen, als der Mond gegenüber der Erde. Andere Beobachter bestreiten die Schlussfolgerungen Schiaparelli's und halten an der Rotationszeit de Vico's ($23^h\ 21^m\ 22^s$) fest. So z. B. die belgischen Astronomen Niesten und Stuyvaert, welche mit Zugrundelegung dieser Umdrehungszeit sogar eine Karte des Planeten Venus entworfen haben. Sie gehen dabei von der Voraussetzung aus, dass die auf Venus zu bemerkenden Flecke der festen Oberfläche des Planeten angehören.

Trouvelot, ein eifriger Planetenbeobachter, ist ebenfalls in Widerstreit mit den Folgerungen Schiaparelli's, er meint, dass die Rotationszeit von de Vico nahezu correct bestimmt worden sei. Jedenfalls könne sie nicht viel von 24 Stunden abweichen. Der Venusäquator sei 10 bis 12° gegen die Venusbahn geneigt, und die Länge seines aufsteigenden Knotens betrage 2°. Die Polargegenden wären mit sehr hohen Bergen gekrönt, welche die dichte und tiefe Atmosphäre des Planeten überragen, also für uns zum Vorschein kommen. Es würden sich hieraus die vielfach beobachteten Unregelmässigkeiten an den Hörnerspitzen der als Sichel erscheinenden Venus erklären.

Der Leser wird aus vorstehenden sich widerstreitenden Ansichten erkennen, dass die Beobachtungen selbst ausgezeichneter Forscher keine hinreichend sichere Basis gewähren, um eine endgültige Entscheidung über die physische Beschaffenheit der Venuskugel zu treffen. Die Annahme des Verfassers, dass Venus von einer monotonen und lückenlosen Wolkenhülle umgeben, welche keine rechten Anhaltspunkte für die Beobachtung gewährt, dürfte daher immer noch einige Berechtigung behalten.

Für die Existenz einer Atmosphäre überhaupt und zwar einer solchen, die sich über diejenige Zone erhebt, welche für uns die Venuskugel begrenzt, geben zahlreiche Beobachtungen den Beweis. Es wurden Wahrnehmungen gemacht, die ohne die Zuhülfenahme einer durchsichtigen Gasschicht, in der die Strahlen der Sonne eine Brechung erleiden, gar nicht zu erklären sein würden.

Dass diese Erscheinungen besonders bei Venus hervortreten, liegt nur daran, dass sie ein innerer Planet ist, der uns bei seiner unteren Conjunction die Möglichkeit verschafft, diejenigen Sonnenstrahlen aufzufangen, welche die Atmosphäre der Venus passiren mussten. Könnte Jupiter in die gleiche Stellung zur Erde kommen, so würde sich auch bei diesem Planeten gewiss das Vorhandensein einer durchsichtigen Gashülle über dem Sphäroid bemerkbar machen.

Ueberlegen wir zuvörderst, in welcher Weise sich die diaphane Hülle einer Planetenkugel bei den verschiedenen Beobachtungen kund geben wird, so sind erstlich diejenigen Phänomene zu beachten, welche der von der Sonne beleuchtete Planet selbst darbietet, und ferner solche, bei denen der letztere in die Lichtstrahlen gelangt, welche die Erde treffen.

Die Erscheinungen der ersten Art erstrecken sich zumeist auf die verschiedenen Lichtgestalten eines inneren Planeten, welche derselbe bei seinen wechselnden Stellungen zu Sonne und Erde annehmen kann. Venus erscheint in der Nähe der unteren Conjunction als äusserst schmale Sichel, deren Breite sich stetig vermindert und in dem Momente des Verschwindens auf der anderen Seite bereits wieder sichtbar ist.

Hätte man es hierbei nur mit einer massiven undurchsichtigen Kugel zu thun, so müsste die Entfernung der Hörnerspitzen 180° betragen, oder mit anderen Worten, diese Spitzen müssten stets diametral gegenüber liegen, wie es in der That beim Erdmonde der Fall ist. Ganz anders aber, sobald die Kugel von einem lichtbrechenden Mittel, einer Gashülle concentrisch umgeben ist. Dann ändern die als parallel anzusehenden Lichtstrahlen der Sonne, welche sonst die massive Kugel tangiren, ihre Richtung und fallen auf die ohnehin erleuchtete Hemisphäre des Körpers. Andere Strahlen, welche die Atmosphäre in einiger Höhe durchdringen, werden ebenfalls noch verhindert weiter zu gehen, und diese erhellen bis zu einem gewissen Grade die Nachtseite des Planeten und verursachen eine Dämmerungserscheinung, wie sie bei der Erde zu beobachten ist. Es ist also in allen Fällen mehr als die Hälfte der Planetenkugel erleuchtet, auch kann die Schattengrenze oder Trennungslinie zwischen der Tag- und Nachtseite des Planeten nicht scharf verlaufen, sondern sie wird mehr oder weniger verschwommen sein.

Bei seitlicher Betrachtung dieser Erscheinung, also dann, wenn sich der Planet als Sichel darstellt, wird eine

Verlängerung der Hörnerspitzen zu bemerken sein, welche bei sehr starker Phase bis zur Vereinigung der Spitzen führen kann, so dass ein schmaler Lichtring die ganze Scheibe umrahmt.

Das Auftreten eines schmalen Lichtsaumes auf der der Sichel gegenüber liegenden Seite kann sehr leicht den Eindruck hervorrufen, als sei auch die gesammte Nachtseite des Planeten schwach erleuchtet.

Wir kommen nun zu den Refractionswirkungen, die sich bemerkbar machen, wenn der Planet mit seiner Atmosphäre den Weg der Lichtstrahlen durchkreuzt, welche ein anderes leuchtendes Gestirn der Erde zusendet. Es ist hier besonders der Fall zu berücksichtigen, dass der Planet vermöge seiner Bahnbewegung über die Sonnenscheibe wegzieht, bei welcher Gelegenheit sich die Refractionsphänomene in mehrfacher Gestalt darbieten werden.

Denken wir uns nun wieder die Planetenkugel ohne Atmosphäre, so müssen sich die Berührungen der beiden Scheiben, der hellen Sonnen- und der dunklen Planetenscheibe, scharf auffassen und die Zeit ihres Eintrittes genau bestimmen lassen. Ist hingegen eine Atmosphäre vorhanden, so ist ohne Weiteres klar, dass die Beobachtung der Contacte getrübt werden muss. Mit welchen Begleiterscheinungen dies verbunden ist, könnte im Voraus nur durch sorgfältige Experimente und Rechnungen ermittelt werden. Die Beobachtung der Venusvorübergänge hat aber hinreichend Gelegenheit geboten, die überraschende Wirkung dieser Phänomene kennen zu lernen, und werden wir daher weiter unten darauf zurückkommen.

Ein mit Atmosphäre behafteter Planet vor der Sonnenscheibe wird ohne Weiteres die Gashülle nicht erkennen lassen, er wird als leidlich scharfes, dunkles Scheibchen erscheinen, in welcher Beziehung aber der Durchmesser dieser Scheibe zum Durchmesser der Planetenkugel selbst steht ist nicht ohne Weiteres zu ermitteln. Es würde hierzu erforderlich sein die lichtbrechende Kraft der Atmosphäre zu kennen. Diejenigen Strahlen, welche die Oberfläche der Kugel wirklich berühren, haben beim Ein- und Austritt eine derartige Ablenkung erfahren, dass sie das Auge des Beobachters gar nicht treffen. Der Rand des auf die Sonnenscheibe projicirten dunklen Scheibchens des Planeten kann sich daher nur auf eine atmosphärische Zone beziehen, deren brechende Kraft so vermindert ist, dass die gebrochenen Sonnenstrahlen die Richtung nach der Erde einschlagen. Es ist aber deshalb nicht bedingt, dass der Planet vor der Sonne einen grösseren Durchmesser bekommt, denn die Strahlen der Sonne, welche die dunkle Scheibe begrenzen, haben in der Atmosphäre des Körpers eine Curve beschrieben, und können von Punkten der Sonnenoberfläche herrühren, die innerhalb der Kreisfläche liegen, welche der ohne Atmosphäre gedachte Planet verdecken würde. Die Folge hiervon wäre, dass der Planet vor der Sonnenscheibe kleiner erscheint, als ausserhalb derselben.

Was nun die Beobachtungen an der Venus anbelangt, so bestätigen sie im Allgemeinen die vorstehenden, auf der Voraussetzung einer den Planeten umgebenden durchsichtigen Atmosphäre beruhenden Folgerungen. Die Verlängerung der Hörnerspitzen ist in der Nähe der unteren Conjunction der Venus bis zu 270° und bis zur vollständigen Schliessung beobachtet worden und hat man versucht die brechende Kraft der Venusatmosphäre daraus zu berechnen.

Auch für die Richtigkeit des oben ausgesprochenen Satzes, dass „stets mehr als die Hälfte der Venuskugel erleuchtet ist", sind Belege vorhanden. Trouvelot berichtet in seiner Schrift: „Observations sur les planètes Venus et Mercure", dass die beobachtete „Dichotomie", also der Zustand der Beleuchtung, bei dem Venus genau halb voll erscheint, nie mit der Rechnung stimmt, welche sich auf die gegenseitige Lage von Sonne, Venus und Erde stützt. Bekanntlich muss der Winkel an der Venus, den die beiden Linien nach der Sonne und nach der Erde einschliessen, 90° betragen, sofern Dichotomie eintreten soll. Während dieser Phase der Erleuchtung würde dann die Schattengrenze, welche die Planetenscheibe in zwei gleiche Theile, einen erleuchteten und einen dunklen, theilt, genau geradlinig sein, in allen anderen Fällen entweder gewölbt oder hohl, convex oder concav. Trouvelot beobachtete nun, dass bei abnehmender Venus (Planet östlich von der Sonne) die Schattengrenze einige Tage früher geradlinig wurde, als die Rechnung es ergab, und im umgekehrten Falle einige Tage später. Dies bestätigt nun zwar im Allgemeinen, dass die Strahlen der Sonne durch irgend einen Einfluss aus ihrer geradlinigen Bahn abgelenkt werden, aber es widerspricht dem Sinne der Einwirkung einer Atmosphäre. Letztere würde bewirken, dass Venus bei östlicher Elongation später, bei westlicher früher halb voll erschiene, als es die Rechnung ergiebt. Verfasser ist der Meinung, dass dieser Widerspruch nur ein scheinbarer ist und sich durch die angewandte Beobachtungsweise aufklärt.

Trouvelot bestimmte den Eintritt der Zweitheilung dadurch, dass er den Zeitpunkt wahrnahm, wenn die Schattengrenze von der concaven in die convexe Form überging. Ohne Vorhandensein einer Atmosphäre würde dies auch vollständig genügen, wenn aber der erleuchtete Theil der Venus stets mehr als eine Halbkugel einnimmt, hervorgerufen durch eine Brechung der Lichtstrahlen in einer durchsichtigen Gashülle, so entsteht eine Schattengrenze, die bei östlicher Elongation schon concav wird, noch ehe die Venus halb voll ist, und umgekehrt bei westlicher Elongation, was aber der Beobachtung von Trouvelot entsprechen dürfte.

Durch genaue Messungen der Sichelbreite gleichzeitig mit dem Durchmesser des Planeten würde man diese Fragen besser entscheiden können.

Der Durchmesser der dunklen auf die Sonne projicirten Venusscheibe wurde gelegentlich der Venusvorübergänge genau gemessen und ganz beträchtlich kleiner befunden als 17″.55. So ergaben die Messungen von A. Rogers, welcher den Durchmesser 1882 mittels getheilter Glasgitter auf besondere Art bestimmte, den Aequatorial-Durchmesser*) zu 16″.01 und den Polar-Durchmesser zu 16″.24, reducirt auf die Einheit der Entfernung. Auf die Differenz von 0″.23 in den beiden Messungsrichtungen legt Rogers keinen besonderen Werth und bezweifelt ihre Realität. Indess,

*) Bei der Unbekanntschaft mit den Elementen des Venusäquators kann hier nur die Richtung des Erdäquators gemeint sein, dessen Lage allerdings vielleicht nicht allzu sehr abweicht.

da wir gesehen haben, dass die Ausdehnung der dunklen Venusscheibe gewissermassen ein Trugbild der Planetenkugel ist, hervorgerufen durch Brechung der Lichtstrahlen in der Atmosphäre, so könnte es nicht auffallen, dass selbst eine abgeplattete Kugel schwach eiförmig erscheint. Es wäre nur nöthig sich die Dichte und Ausdehnung der Venusatmosphäre am Aequator und an den Polen etwas verschieden vorzustellen, was nicht unnatürlich erscheinen könnte. Doch sehen wir von diesen feineren Unterschieden ab und bleiben bei der Beobachtung des wenig über 16″ betragenden Durchmessers stehen, dessen Abweichung von $1^1/_2$ Bogensecunden durch den Einfluss der Irradiation unmöglich allein erklärt werden kann. A. Rogers bestimmte den Einfluss der letzteren durch Fortsetzung der Messungen nach dem Venusvorübergang, als der Planet hell auf dunklem Grunde erschien, und kam zu dem Resultate, dass die auf subjectiven Eindrücken beruhende Differenz nicht viel von 0″.4 verschieden sein könne. Das würde aber höchstens $^1/_3$ der beobachteten Durchmesserdifferenz sein. Die Beobachtungen Rogers' wurden durch C. Chandler bestätigt, der nach derselben Methode operirte, er fand 16″.35 als Durchmesser.

Auf einer anderen Station in Princeton wurde unter Anwendung eines Doppelbild-Mikrometers der Durchmesser der dunklen Venusscheibe zu 16″.43 bestimmt. Auch Auwers' Messungen in Luxor, die mit dem Heliometer ausgeführt wurden, ergaben unter Anbringung eines empirisch bestimmten Irradiations-Einflusses 16″.96.

Alle Beobachtungen kommen mehr oder weniger darauf hinaus, dass die Venus vor der Sonne kleiner erscheint als auf dem Himmelsgrunde, was unsere obigen Folgerungen bestätigt.

Die Beobachtung der vier Zeitpunkte, in denen die Venusscheibe bei ihrem Vorübergange den Sonnenrand berührt, nämlich der erste und zweite Contact beim Eintritt und der erste und zweite Contact beim Austritt, würden, für die Bestimmung der Sonnenparallaxe, allen mikrometrischen Messungen vorzuziehen sein, wenn sie so erfolgten, wie man wünschen möchte. Aber auch hier haben sich Erscheinungen gezeigt, welche die Beobachter überraschten und in ihren Wahrnehmungen unsicher machten, sodass das Vertrauen zu den Zeitangaben der Contacte erschüttert wurde. Man hätte dies voraussehen können, wenn das Vorhandensein einer gasigen Hülle der Venus, wie es andere Beobachtungen sehr wahrscheinlich gemacht hatten, in Erwägung gezogen worden wäre.

Die hauptsächlich störende Erscheinung bei den Contactbeobachtungen ist unter dem Namen des „schwarzen Tropfens" bekannt, und machte sich vornehmlich bei den inneren Contacten bemerklich, als die dunkle Venusscheibe sich von dem Sonnenrande löste, oder sich ihm näherte. Behalten wir zur Beschreibung dieser störenden Erscheinung den letzteren Fall im Auge, so müssen wir uns vergegenwärtigen, dass der Beobachter aus dem Fortrücken der Venus sich im Geiste einen Massstab bildet, wonach er ungefähr abschätzen kann, wann der wichtige Contact stattfindet. Da entsteht plötzlich, während noch ein deutlicher Zwischenraum zwischen den beiden Rändern der Venus und Sonne besteht, eine Ueberbrückung der dunklen Venusscheibe mit dem dunklen Himmelsgrunde, der

„schwarze Tropfen“. Der Beobachter sagt sich, dass der Eintritt dieses Phänomens unmöglich dem geometrischen Contacte der beiden Scheiben entsprechen kann, aber noch mehr, er ist gar nicht mehr recht im Stande anzugeben, wann dieser Contact stattfindet, denn dieser Tropfen verunstaltet das ganze Bild und verdeckt gerade die Stelle, wo die beiden Scheiben zur Berührung kommen sollen. Beim zweiten Contact des Eintrittes löst sich die Venus nicht in erwarteter Weise vom Sonnenrande.

So bedauerlich diese Erscheinung im Hinblick auf die Bestimmung der Sonnenparallaxe aus Venusvorübergängen ist, so interessant ist sie in physikalischer Beziehung. Ihre zutreffende Erklärung findet sie in dem Vorhandensein einer Venusatmosphäre, welche bewirkt, dass das schwarze Scheibchen vor der Sonne nicht den Durchmesser der Venuskugel hat, seine Berührungen mit dem Sonnenrande folglich keine genauen astronomischen Daten bieten können

Die Atmosphäre der Venus hat sich bei den Vorübergängen des Planeten vor der Sonne auch, wie zu erwarten stand, noch dadurch bemerklich gemacht, dass kurz nach dem Eintritt, resp. vor dem vollständigen Austritt, stets die ganze Venusscheibe sichtbar war, weil der ausserhalb der Sonne befindliche Theil durch einen schwachen Lichtschein markirt war, der durch Ablenkung von Sonnenstrahlen aus ihrer geradlinigen Bahn in der Atmosphäre der Venus entsteht, genau so wie es bei jeder unteren Conjunction, wenn auch zumeist in geringerem Grade, zu beobachten ist.

Sehr mannigfaltige und interessante Wahrnehmungen sind von den australischen Astronomen unter Führung von H. C. Russell während des ersten Venusvorüberganges am 9. December 1874 gemacht und in einem reich illustrirten Werke unter dem Titel: „Observations of the Transit of Venus, made at Stations in New South Wales, Sydney 1892“ veröffentlicht. Das auf die Wirkung einer Atmosphäre Bezügliche lässt sich in folgende Sätze zusammendrängen: Der Venusrand war nicht genau kreisförmig, als der Planet erst wenig — vielleicht $^1/_8$ seines Durchmessers — eingetreten war, auch erschien nach vollständigem Eintritt, als die Ränder sich berührten, Venus oval. Dasselbe wurde auf der Sonnenscheibe beobachtet, als Venus ungefähr $^3/_4$ ausgetreten war. Auf der Sonne rief die Planetenscheibe den Eindruck einer Kugel hervor, was von einem Lichterwerden der Randzone der Scheibe herrührte.

Als Venus nahe am Sonnenrande stand, also beim zweiten Contact des Eintrittes und beim ersten Contact des Austrittes, erschien der Sonnenrand ausgebogen, entsprechend dem Rande der Venus, auch war der übrig bleibende schmale Lichtsaum getrübt, und erschien als nebeliges Band.

Wohl alle Beobachter sahen den bereits mehrfach erwähnten hellen Lichtsaum um den dunklen Theil der halb ein- oder halb ausgetretenen Venus, sodass der Planet in der Nähe des Sonnenrandes stets ganz gesehen wurde. Beim Austritt wurde aber noch von vier Beobachtern eine sehr interessante Wahrnehmung gemacht, nämlich in dem hellen Lichtsaum zeigte sich an einer bestimmten Stelle eine Erweiterung, die in der Nähe des Nordpunktes stand und den Eindruck eines Polflecks machte, wenigstens bezeichnen ihn die Beobachter in dieser Weise. Es scheinen leider keine Messungen über die Lage dieses Flecks angestellt worden zu sein. Wenn derselbe wirklich mit der Nordpolar-Region der Venus im Zusammenhang stand, so hätten wir hier die seltene Gelegenheit vor uns gehabt die Lage der Venusaxe wenigstens annähernd kennen zu lernen und das Resultat mit den bisherigen unsicheren Angaben zu vergleichen.

Wir haben den vorstehenden Artikel mit besonderer Ausführlichkeit behandelt, weil er für die Untersuchung von planetarischen Körpern im Allgemeinen von Bedeutung ist. Wir dürfen wohl annehmen, dass die gasförmigen Körper, als Wasserstoff, Sauerstoff, Stickstoff, Kohlensäure etc., die nur unter sehr hohen Druck- und niedrigen Temperaturverhältnissen feste Form annehmen, einen wichtigen Bestandtheil der kosmischen Materie ausmachen, und daher wohl selten auf einem planetarischen Körper ganz fehlen werden. In der That deuten auch so manche Erscheinungen an den Planeten auf das Vorhandensein durchsichtiger gasiger Hüllen hin, jedoch ist der positive Beweis oft nicht leicht zu erbringen, und es wurde bisher wenig oder gar nicht mit diesem Umstande gerechnet, wenn die Dimensionen und Umrisse von Planeten zur Herleitung astronomischer Fundamentalwerthe mit in Betracht kamen. Venus ist ein Beispiel dafür, wie erheblich das Vorhandensein einer Atmosphäre auf die Abgrenzung des Körpers einwirken kann, und wir sind zu dem Schlusse berechtigt, dass all unsere Durchmesserbestimmungen von Planeten dann bis zu einem gewissen Grade unrichtig sind, wenn diese Körper durchsichtige Atmosphären haben, die ein Trugbild von der darunter liegenden massiven Kugel oder auch der vorhandenen undurchsichtigen Wolkendecke entwerfen, weil sie das Licht aus seiner für eine exacte Abbildung erforderlichen geradlinigen Bahn herausdrängen.

MARS.

Dieser Planet hat von jeher ein besonderes Interesse beansprucht, da er sich in einem Stadium der Entwickelung befindet, welches dem der Erde anscheinend am ähnlichsten ist. Die Atmosphäre dieses Körpers ist hinreichend durchsichtig, sodass es möglich wird die Configuration der festen Oberfläche zu studiren. Die Polargegenden des Planeten sind durch helle Flecke markirt, die zwar gewissen Veränderungen unterworfen sind, aber ihren Ort beibehalten, sodass ihre Identität mit Eisregionen kaum bezweifelt werden kann. Die Conjectural-Astronomie hat sich nun mit diesen Analogien nicht begnügt, sondern setzt auch das Dasein einer organischen Natur auf Mars, eines Pflanzen- und Thierreiches voraus. Es ist dies ein sehr beliebtes Thema, welches der Phantasie den weitesten Spielraum gestattet, aber nie dazu führen wird Gewissheit zu verschaffen. Es sind ernsthaft Vorschläge gemacht worden, mit den muthmasslichen Bewohnern des Mars in Communication zu treten, durch Entflammen mächtiger elektrischer Lichter in gewissen geometrischen Relationen und Zeitintervallen, um dadurch eine Gegendemonstration auf Mars hervorzurufen und schliesslich einen

Fernsprechverkehr einzuleiten, mit Hülfe dessen ein Austausch von Gedanken möglich sei. Wir wollen uns nicht damit aufhalten die Schwierigkeiten eines solchen Unternehmens zu erörtern und die Erfolglosigkeit desselben voraus zu sagen. So wenig wahrscheinlich es ist, dass nur die Erde Bewohner hat, so wenig erscheint auf der anderen Seite die Aussicht auf den wirklichen Nachweis der Bevölkerung anderer Welten, oder auch nur der Spuren des Bewohntseins.

Beschränken wir uns darauf das zu studiren, was dem Auge direct wahrnehmbar ist, so bleibt doch noch eine Fülle von interessanten Erscheinungen übrig. Besonders in der Neuzeit ist die Areographie ganz wesentlich gefördert und das Interesse an den physikalischen Beobachtungen des Mars im Allgemeinen gehoben worden.

Dem Gange der Erörterungen folgend, wie er bei den anderen Planeten innegehalten wurde, beginnen wir zunächst mit den Grössenverhältnissen des Planeten. Der scheinbare Durchmesser des Mars schwankt innerhalb sehr weiter Grenzen, da die starke Excentricität der Marsbahn die Entfernungen Erde—Mars beeinflusst. In der Entfernung Eins (mittlere Entfernung der Erde von der Sonne) ist nach den Untersuchungen von E. Hartwig der wahrscheinlichste Werth für den polaren Mars-Durchmesser

$$9''.352.$$

Es ist dies ein Mittelwerth aus zahlreichen Doppelbildmessungen mit Ausschluss aller Fadenmikrometer-Beobachtungen, sodass die oben S. 22ff. erwähnten Beobachtungsfehler möglichst umgangen sind. Das Vorhandensein einer Abplattung gilt als noch nicht endgültig entschieden, da der Aequatorial-Durchmesser wegen der wechselnden Erleuchtung durch die Sonne (Phase) bisher nicht mit hinreichender Präcision bestimmt werden konnte.

Die meisten Messungen haben eine Abplattung ergeben, deren Betrag ungefähr als $^1/_{100}$ angenommen werden kann, was im Vergleich zur Abplattung der Erde als sehr beträchtlich erscheinen muss. Setzen wir voraus, dass der Mars dieselbe Abplattung besässe, als die Erde, so würden die Messungen selbst in der grössten Nähe des Planeten einen Unterschied von $0''.08$ zwischen beiden Durchmessern nachzuweisen haben, eine Grösse, die leicht in den Beobachtungsfehlern untergehen kann. Die Frage der Marsabplattung ist noch insofern von weitergehender Bedeutung, als ihre Bejahung das Vorhandensein einer Kreiselbewegung der Marsaxe, wie wir sie bei der Erde kennen gelernt haben (siehe S. 82), theoretisch begründen würde, eine Bewegung, deren praktischer Nachweis in den über lange Zeiträume sich erstreckenden Bestimmungen der Lage der Marsaxe schliesslich möglich wäre.

Die Masse des Mars ist:

$$1 : (3\,093\,500 \pm 3295)$$

der Sonnenmasse. Die Ermittelung dieser Verhältnisszahl stützt sich auf die Beobachtung der Entfernungen der Marsmonde vom Centralkörper, unter Anwendung des dritten Kepler'schen Gesetzes, genau so wie wir dies oben beim Neptun specieller erörtert haben. Vor Entdeckung dieser Satelliten konnte die Marsmasse nur indirect bestimmt werden und zeigten die auf verschiedenen Wegen erhaltenen Zahlen sehr starke Abweichungen.

Die Dichtigkeit der Marskugel berechnet sich unter Zugrundelegung des neuesten Werthes für die Masse zu 6.221, übersteigt also diejenige der Erde, welche 5.576 ist. Mars ist also noch etwas dichter als die Erde und wenn überhaupt Zweifel darüber beständen, ob der Umfang der Planetenscheibe der massiven Kugel, oder einer undurchsichtigen atmosphärischen Hülle entspricht, so würden dieselben durch Beachtung obiger Zahl verschwinden.

Wir erkennen hieraus, wie wichtig genaue Durchmesser- und Massenbestimmungen der Planeten auch für die Beurtheilung ihrer physischen Eigenschaften sind. Wenn es nun mit positiver Gewissheit feststeht, dass wir auf die feste Marsoberfläche blicken können, so folgt weiter, dass die erkennbaren Einzelheiten dieser Oberfläche einen sicheren Massstab für die Umdrehungszeit bieten müssen und dass die Bestimmung derselben nicht mit so beträchtlichen Unsicherheiten behaftet bleibt, wie bei all den Planeten mit scheinbar geringer Dichte, die von einer wolkigen Atmosphäre umgeben sind, deren Strömungen die Rotationszeit verschleiern.

In der That ist die Länge des Marstages beinahe eben so genau bekannt, als die Länge des Erdtages, sodass man versucht sein könnte den Mars als Zeitmesser zu verwerthen.

Durch Vergleichung der Beobachtungen von leicht erkennbaren Marsflecken aus weit auseinander liegenden Epochen ist es gelungen, die Rotationszeit des Planeten genau festzustellen. Dieselbe beträgt:

$$24^h\ 37^m\ 22^s.66 \pm 0^s.01.$$

In der Tageslänge besteht demnach eine grosse Aehnlichkeit mit der Erde.

Es wird von Interesse sein mit einigen Worten darauf hinzudeuten, dass sich die genaue Ermittelung der Rotationszeit des Mars aus weit auseinander liegenden Beobachtungen nicht so einfach gestaltet, als es auf den ersten Blick erscheinen könnte. Wie bei den meisten astronomischen Errungenschaften beansprucht auch hier die Rechnung einen weitaus grösseren Aufwand an Zeit und Mühe, als die Beobachtung. Die Schwierigkeiten werden im vorliegenden Falle hauptsächlich durch die Lage der Marsaxe im Raume hervorgerufen, indem bei den wechselnden Stellungen der Erde gegenüber Mars die zu benutzenden Marsflecke eine sehr verschiedene Lage gegen den Mittelpunkt der Scheibe annehmen.

Auch der chronologische Theil der Aufgabe, die fehlerlose Feststellung des zwischen zwei Beobachtungen verflossenen langen Zeitintervalls, ist ganz besonders wegen der Schalttage mit Umsicht zu behandeln. Es ist gerade bei dieser Gelegenheit vorgekommen, dass das Jahr 1800, weil durch vier theilbar, als Schaltjahr in Rechnung gezogen wurde, während es in Wirklichkeit ebenso wie 1700 und 1900 ein Gemeinjahr ist*).

Bezeichnet R die Rotationszeit des Mars, T die Zeit, welche zwischen zwei reducirten Passagen eines Marsflecks verflossen ist, und a die Anzahl der in dieser Zeit vollzogenen ganzen Umdrehungen des Planeten, so ist:

$$R = \frac{T}{a} = \frac{1}{a} \cdot T \quad (1).$$

*) Schaltjahre sind z. B. 1600, 2000 und 2400, hingegen alle nicht durch vier theilbaren Jahrhunderte sind Jahre zu 365 Tagen.

Nennen wir die fehlerhafte Bestimmung der Rotationszeit dR und die aus Beobachtungsfehlern resultirende fehlerhafte Bestimmung der Zeit dT, so ist auch:

$$dR = \frac{1}{a} \cdot dT \quad (2).$$

Aus dieser Formel geht aber hervor, dass dR um so kleiner ausfallen wird, je grösser a, oder mit anderen Worten, wir erhalten die Rotationszeit um so genauer, je grösser das Zeitintervall T zwischen den Beobachtungen ist. Dass man in dieser Beziehung einen sehr grossen Spielraum hat lässt Formel (2) auch erkennen. Nehmen wir z. B. T zu 100 Jahren oder rund 35600 Marstagen an und schätzen die Ungenauigkeit der Bestimmung dieses Intervalls, wie es durch die Beobachtungen bedingt wird, zu ± 15 Minuten, so erhalten wir die Umdrehungszeit genau bis auf $\pm 0^s.025$, denn

$$dR = \pm \frac{1}{35600} \cdot 900^s = \pm 0^s.025.$$

Es ist hierbei nicht zu befürchten, dass die Zahl der Umdrehungen um eine unsicher ist, denn wird 35601 an Stelle von 35600 in Formel (1) eingesetzt, so resultirt ein um $2^1/_2$ Secunden kleinerer Werth für R, so viel ist aber die Länge des Marstages gegenwärtig nicht mehr unsicher. Bei der Benutzung der Beobachtungen früherer Jahre dürfte die obige Annahme von dT = ± 15 Minuten kaum zu hoch sein, hingegen die modernen Beobachtungen, sobald sie sich auf Messungen gründen, würden eine grössere Genauigkeit verbürgen, und daher für später die Grundlagen zur noch genaueren Kenntniss der Rotationszeit des Mars liefern. —

Wir wenden uns nun zur Lage der Rotationsaxe des Mars, deren Bestimmung mit Hülfe der hellen Polflecke erfolgen kann. Es geschieht dies in der Art, dass man die Positionswinkel dieser Flecke fortgesetzt misst, und dann den Punkt an der Himmelskugel bestimmt, in dem sich die gemessenen Richtungen treffen. Es ist hierbei erforderlich, dass die betreffenden Beobachtungen sich mindestens über zwei Oppositionen erstrecken, da sonst der Unterschied in den gemessenen Richtungen zu gering ist, die Linien sich unter zu spitzen Winkeln schneiden und ungenaue Resultate erhalten werden.

Die Positionswinkel eines Polarflecks des Mars (P in der Figur 10) kann man sich auf dem Umfange der Marsscheibe gezählt denken, und zwar werden sie in üblicher Weise vom Nordpunkte N der Scheibe ab in der Richtung des Pfeiles über Ost gezählt. Es kommt dies darauf hinaus, den Winkel N M P zu messen, den die Marsaxe mit demjenigen Meridian der Erde macht, der durch den Mittelpunkt des Mars geht. Die praktische Ausführung dieser Beobachtungen erfolgt beim Nordpolarfleck am besten mit einem Doppelbild-Mikrometer, kann aber auch mit dem Fadenmikrometer geschehen. Verfasser hat sich einer einfachen Combination beider bedient, die bereits oben Seite 23 ff. beschrieben ist.

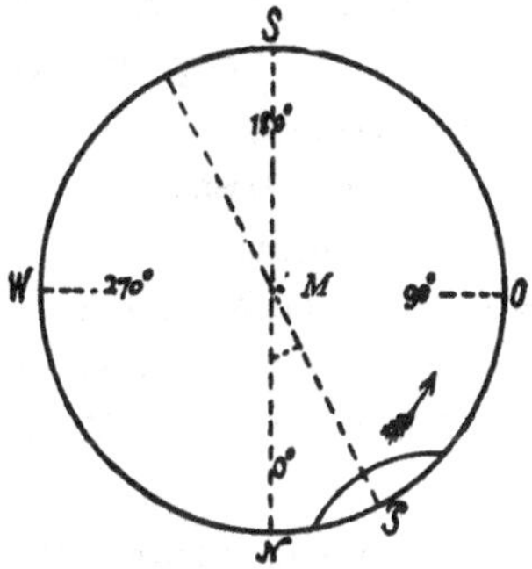

Fig. 10.

Sehr störend ist bei diesen Beobachtungen die Phase des Planeten, weil sie dem Auge die Abschätzung des Mittelpunktes der Marsscheibe erschwert, es ist daher immer vortheilhaft, die Beobachtungen zur Zeit der Opposition zu concentriren oder doch wenigstens symmetrisch zu dieser Zeit zu gruppiren, so dass der Einfluss der einmal westlich, dann östlich erscheinenden Phase sich aufhebt.

Der südliche Polarfleck des Mars hat zumeist grössere Dimensionen, als der nördliche, und kann bei ihm vortheilhafter das einfache Fadenmikrometer zur Verwendung kommen, und zwar in der Weise, dass der Faden parallel dem langgestreckten Oval des Fleckes gestellt wird. Der Positionswinkel ist dann natürlich um 90° von den Ablesungen des Kreises verschieden. Es wird durch diese Art der Einstellung, wie leicht ersichtlich, der Einfluss der Phase aufgehoben.

Die rechnerische Verwerthung dieser Winkelmessungen zur Bestimmung desjenigen Punktes am Himmelsgewölbe, dem die nach Norden verlängerte Marsaxe zustrebt, würde sehr einfach sein, sobald man versichert sein könnte, dass die Schneeflecke des Mars eine genau polare Lage haben, dies ist aber durchaus nicht der Fall. Man wurde hierauf zu Zeiten aufmerksam, als beide Flecke zugleich sichtbar waren, sie standen sich dann zuweilen gar nicht gegenüber. Angestellte Messungen ergaben denn auch bald, dass besonders der Mittelpunkt des südlichen Polarfleckes eine bemerkenswerthe Entfernung vom Südpole haben musste.

Die Messungen der Polarflecke beziehen sich also auf Punkte, die in Folge der Umdrehung des Mars fortwährend ihre Lage ändern, und es war Aufgabe der Rechnung, den Einfluss dieser Schwankungen auszugleichen. Die strenge Behandlung dieser Aufgabe führt immerhin zu complicirten Formeln, indess es hat sich gezeigt, dass man mit Rücksicht auf den Genauigkeitsgrad der Beobachtungen mit einer Näherungsformel*) einfacher Gestalt auskommen kann.

Die Behandlung der Positionswinkelmessungen mit Zugrundelegung dieser Formel ergiebt nicht nur den genauen Positionswinkel der Marsaxe für einen bestimmten Zeitpunkt, sondern es resultiren gleichzeitig die areographische Länge und Breite des Mittelpunktes des gemessenen Polfleckes, was ja ebenfalls von Wichtigkeit ist.

Schon der ältere Herschel leitete aus seinen Messungen der Polflecke die Lage der Marsaxe ab, wie aus Band 74 der Philosophical Transactions zu ersehen ist. Ihm folgte H. Schröter in Lilienthal, dann Oudemans, der Beobachtungen von Bessel verwerthete. Nach langer Pause wurde der Gegenstand erst von Schiaparelli wieder aufgenommen und in der jüngsten Zeit hat der Verfasser eine Bestimmung ausgeführt.

Die erhaltenen Resultate sind aus folgender Zusammenstellung ersichtlich:

---

*) Die Formel zur Correction der beobachteten Positionswinkel, wegen ihres Abstandes vom Pole, hat folgende Form:

$$\text{Corr.} = \mp \delta \sin \alpha \cos L \pm \delta \cos \alpha \sin L,$$

worin δ den Polabstand, α die areographische Länge des Fleckes und L die areographische Länge des Mittelpunktes der Marsscheibe bedeutet. Die oberen Zeichen gelten für die Beobachtung des nördlichen, die unteren für Beobachtung des südlichen Polarfleckes.

		Nordpol des Mars AR	Decl.
1782	W. Herschel	318°.14	48°.54
1798	H. Schröter	320°.55	50°.77
1830	Oudemans-Bessel ...	317°.57	50°.08
1880	Schiaparelli	318°.13	53°.62
1883	Lohse	318°.22	53°.31

Die Rectascensionen befinden sich in besserer Uebereinstimmung als die Declinationen, die auf eine Aenderung im Verlaufe von 101 Jahren hinzudeuten scheinen. Leider sind die älteren Beobachtungen nicht sicher genug, um eine bestimmte Entscheidung hierüber treffen zu können.

Derartige Abweichungen würden auf eine Veränderung der Lage der Marsaxe hinweisen. Siehe oben S. 145. Der definitive Nachweis derselben könnte nur durch regelmässig fortgesetzte genaue Beobachtungen geführt werden.

Suchen wir den Punkt am Himmelsgewölbe auf, der dem Nordpole des Mars entspricht, so gelangen wir in das Sternbild des Schwanes, jedoch ist kein auffälliger Stern in der Nähe, der als Polarstern dienen könnte. Die Neigung des zur Rotationsaxe senkrechten Marsäquators gegen die Marsbahn beträgt 24°.9, also etwas mehr als die beiden entsprechenden Ebenen der Erde gegen einander geneigt sind. In Folge dessen muss auf dem Mars ein ausgeprägter Jahreszeitenwechsel stattfinden, der in so fern von Einfluss auf die Beobachtung der Marsoberfläche ist, als die theilweise Bewölkung, die wir annehmen dürfen, Ortsveränderungen unterliegt.

Das Studium der Marsoberfläche beginnen wir mit den beiden Polarflecken, die wir schon öfter erwähnten.

Diese Polarkappen zeigen sich in abwechselnd verschiedener Grösse, je nachdem die Axe des Mars gegen die Linie geneigt ist, welche die beiden Mittelpunkte von Erde und Mars verbindet (Visionsradius). Es ist Sache der Ephemeriden-Berechnung die Lage der Marspole auf der Scheibe im Voraus zu bestimmen.

Der südliche Polarfleck ist immer dann am besten zu sehen, wenn der Mars der Erde am nächsten ist, der Planet hat dann aber gleichzeitig für nördliche Breiten einen tiefen Stand am Himmel, während der Nordpolarfleck bei grosser Declination aber kleinem scheinbaren Durchmesser des Planeten sich darbietet.

Die Positionswinkel-Bestimmungen der Flecke haben ergeben, dass der nördliche Polfleck einen nur sehr geringen Abstand vom Nordpole des Mars haben kann, sodass, wie leicht zu ermessen, auch die areographische Länge dieses Flecks nur innerhalb sehr weiter Grenzen bestimmbar ist. Hingegen der Südpolarfleck hat einen verhältnissmässig grossen Abstand vom Pole gehabt. Es schien dem Verfasser wichtig zu untersuchen, ob der Mittelpunkt dieses Flecks im Lauf der Zeiten seine Lage beibehalten hat, oder ob er Ortsveränderungen nicht unterlag. Es wurden zu dem Zwecke die hauptsächlichsten Beobachtungen dieses Flecks vom Ende des vorigen Jahrhunderts an, mit Zugrundelegung der neuen Elemente der Marsaxe, verwerthet. Das Resultat dieser, umfängliche Rechnungen verursachenden, Untersuchung ist in folgender Zusammenstellung enthalten, in welcher a die areographische Länge und δ den Polabstand des Schneeflecks bedeutet:

	a	δ	
1783	4°.31	5°.53	W. Herschel.
1798	17°.29	[1°.05]	H. Schröter.
1830	23°.74	7°.26	F. W. Bessel.
1862	359°.12	4°.82	F. Kaiser.
1877	26°.49	5°.32	A. Hall.
1877	29°.47	6°.15	V. Schiaparelli.
1879	48°.08	4°.97	V. Schiaparelli.
1892	23°.23	5°.71	O. Lohse.

Vergleicht man die Zahlen dieser Tabelle mit einander, so fällt besonders bei δ eine bemerkenswerthe Uebereinstimmung auf, wenigstens innerhalb der Genauigkeitsgrenzen, mit denen diese Beobachtungen ausführbar sind. Die areographischen Längen a weisen grössere Differenzen auf, indess es ist dabei zu berücksichtigen, dass in dem kleinen Parallelkreise, auf dem der Fleck liegt, die Grade 10 mal kleiner sind, als auf den Meridianen (grössten Kreisen), wo δ gemessen wird. Beachtet man dies, so kommt der Genauigkeitsgrad beider Bestimmungen auf dasselbe hinaus. Das Mittel aus obigen Werthen, mit Ausschluss des geklammerten δ, dessen Abweichung in zu primitiven mikrometrischen Hülfsmitteln ihren Grund hat, ist folgendes:

$$a = 21°.47 \pm 3°.63,$$
$$\delta = 5°.68 \pm 0°.21.$$

Es ist hiernach nicht daran zu zweifeln, dass der Mittelpunkt des südlichen Schneeflecks im Laufe von 109 Jahren seine Lage nicht wesentlich verändert hat, wozu natürlich nicht erforderlich ist, dass der Umfang des Flecks eine gleiche Stabilität gezeigt hat. Derselbe kann im Jahreszeitenwechsel, durch ein nahezu gleichmässiges Abschmelzen oder Wachsen, eine Veränderung der Grösse erfahren haben, wie sie wohl auch beobachtet worden ist.

Die südliche Schneezone zeigt demnach dieselbe Stabilität, wie alle anderen zu beobachtenden Gebilde auf Mars, und deutet dies auf den Zusammenhang mit der festen Oberfläche des Mars hin. Die Ausdehnung der Zone ist übrigens zumeist so gross, dass der Südpol des Mars innerhalb ihrer Grenzen liegt.

Warum der Mittelpunkt der südlichen Schneezone, den wir Kältepol nennen möchten, nicht mit dem Rotationspole zusammenfällt, ist schwer zu entscheiden, es kann diese Verschiebung wohl nur in der Oberflächen-Beschaffenheit des Mars ihren Grund haben.

Die folgende kleine Tabelle, welche nach der Formel am Fusse von S. 151 gerechnet wurde, enthält die Correctionen, welche an den Positionswinkel-Messungen des südlichen Polarflecks in Zukunft anzubringen sind. Diese Correctionen gelten für die vorgedruckten areographischen Längen des Mittelpunktes der Marsscheibe, die für jede Zeit aus den Ephemeriden zu entnehmen sind.

Südpolarfleck: $\alpha = 21^\circ.47$, $\delta = 5^\circ.68$.

Areogr. Länge	Corr.	Areogr. Länge	Corr.
0°	+2°.08	180°	−2°.08
10°	+1°.13	190°	−1°.13
20°	+0°.16	200°	−0°.16
30°	−0°.84	210°	+0°.84
40°	−0°.81	220°	+0°.81
50°	−2°.71	230°	+2°.71

Areogr. Länge	Corr.	Areogr. Länge	Corr.
60°	—3°.54	240°	+3°.54
70°	—4°.26	250°	+4°.26
80°	—4°.85	260°	+4°.85
90°	—5°.29	270°	+5°.29
100°	—5°.57	280°	+5°.57
110°	—5°.68	290°	+5°.68
120°	—5°.62	300°	+5°.62
130°	—5°.39	310°	+5°.39
140°	—4°.99	320°	+4°.99
150°	—4°.44	330°	+4°.44
160°	—3°.77	340°	+3°.77
170°	—2°.97	350°	+2°.97
180°	—2°.08	360°	+2°.08.

Man darf wohl annehmen, dass für die nördliche Polarzone dasselbe hinsichtlich der festen Lage gilt, nur ist hier die Entfernung vom Rotationspole so gering, dass ihre Bestimmung sich zumeist in den Beobachtungsfehlern verliert.

Verfasser leitete aus seinen Messungen folgende Coordinaten für den nördlichen Schneefleck ab:

	1886	1888
α	244°.4	224°.9
δ	0°.35	2°.73.

Hiernach scheint es, dass die areographische Länge α dieses Flecks im dritten Quadranten, also zwischen 180 und 270° liegt. Da der Mittelpunkt des Südpolarflecks bei 23°, also im ersten Quadranten gelegen ist, so ist wenigstens in einer Beziehung ein diametrales Gegenüberliegen der Flecke angedeutet.

Was die Form der Schneeflecke anbelangt, so sind eingreifende Veränderungen an denselben beobachtet worden, sogar Loslösungen kleiner Theile. Auch 1892 fiel eine Einbuchtung (s. Fig. 11) im südlichen Polarfleck auf.

Wir kommen nun zur eigentlichen Areographie, d. i. zur Beschreibung derjenigen Figuren oder Gebilde der Marsoberfläche, die wir geneigt sind für Festland und Wasserflächen zu halten.

Das Erste, was bei der Betrachtung des Mars auffällt, ist seine rothe Färbung. Suchen wir nach einem Erklärungsgrunde für diese Erscheinung, so ist zu berücksichtigen, dass das von dem Planeten ausgestrahlte Licht nur zurückgestrahltes Sonnenlicht ist, also ein Gemisch aller Farben, dessen Gesammteindruck weiss ist. Die Marsoberfläche muss also so beschaffen sein, dass sie einen Theil der Farben verschluckt, rothes Licht aber fast ungeschwächt reflectirt. Am leichtesten liesse sich dies durch eine rothe Färbung der Marserde erklären, welche vielleicht in ihren oberen Schichten aus rothem Thon bestände. Aber es giebt noch eine andere Erklärungsweise, die den Vorzug grösserer Ungezwungenheit hat. Die Polflecke sagen uns, dass in der Atmosphäre des Planeten ein Stoff circulirt, der bei niedriger Temperatur zu einem festen Körper, zu Schnee resp. Eis erstarrt. Bei der allgemeinen Verbreitung, welche das Wasser resp. der Wasserstoff im ganzen Weltenraume hat, wird dieser Stoff aller Wahrscheinlichkeit nach Wasser sein. Die Wärme der Sonne wird einen Theil dieses Wassers verdampfen und die Durchlässigkeit der Marsatmosphäre für Lichtstrahlen verringern. Die untergehende Sonne belehrt uns aber, welcher Effekt hervorgerufen wird, wenn die Sonnenstrahlen dickere Schichten der mit Wasserdampf gesättigten atmosphärischen Gase durchdringen müssen. Nur das rothe Licht mit seinen grossen Wellen vermag zu passiren, die anderen Farben, insbesondere Blau und Violett, werden stark verschluckt, so dass die Sonnenscheibe roth gefärbt erscheint. Ein Gleiches kann auf Mars stattfinden. Das Sonnenlicht hat dort zweimal, beim Ein- und Austritt, die gesammte Höhe der Atmosphäre zu passiren, ehe es in unser Auge gelangt, und es werden in dem so filtrirten Lichte die rothen Strahlen vorherrschen.

In gleicher Weise sind jedenfalls die Rothfärbungen auf Jupiter und Saturn zu erklären, wobei nicht ausgeschlossen ist, dass auch andere Stoffe als Wasser die Ursache der Erscheinung sein können.

Betrachtet man Mars mit hinreichend starken Fernröhren, so bemerkt man mehr oder weniger deutlich hervortretende dunkle Flecke von charakteristischer Form, deren Zwischenräume verschieden nüancirt sind. Man hält die dunklen Flecke im Allgemeinen für Wasserflächen und hat ihnen dementsprechende Namen gegeben, während die Zwischenräume als Festland angesehen werden.

Ohne die Berechtigung hierzu weiter zu untersuchen, wollen wir uns im Folgenden dieser üblichen Anschauung anschliessen, da die Beobachtung von der Vorstellung, die man mit dem Gesehenen verbindet, unabhängig sein kann.

Die Registrirung der Marsflecke mit Rücksicht auf ihre areographische Lage kann auf verschiedenen Wegen erfolgen und zwar durch mikrometrische Bestimmung, durch Zeichnung und durch Beobachtung von Passagen.

Die mikrometrische Bestimmung verbürgt natürlich die sichersten Resultate, indess es gehört immer ein nicht geringes Mass von Fertigkeit dazu, so zarte, oft an der Grenze der Sichtbarkeit stehende Objecte zu vermessen. Es wird sich diese Methode daher zumeist auf die markanteren Gebilde beschränken müssen. Die Zeichnung nach Augenmass bildet das hauptsächliche Hülfsmittel für die Beobachtung der Marsoberfläche und ist diese Methode bisher am meisten zur Verwendung gekommen. Die Beobachtung von Passagen durch den centralen Meridian besteht in dem Anmerken der Zeit, wenn die betreffenden Flecke in der Mitte ihres Weges über die Scheibe stehen. Man kann hieraus die areographische Länge der Gebilde mit einiger Sicherheit finden. Die Verwerthung aller drei Methoden hat schliesslich dahin geführt, dass man gegenwärtig die Lage aller auffälligen Formationen der Marsoberfläche bis auf wenige Grade genau kennt, und dass die cartographische Darstellung derselben einen erstaunlichen Reichthum von Formen aufweist. Freilich ist es nicht leicht, sich von der Existenz all dieser Bildungen zu überzeugen, da eine grosse Anzahl derselben besonders günstige atmosphärische Verhältnisse und geeignete Instrumente verlangt. Es gilt dies ganz besonders von dem reichhaltigen Material, welches Schiaparelli, der Mailänder Astronom, in seinen Marskarten verzeichnet hat. Die mächtigsten Instrumente der Welt sind in Bewegung gesetzt worden, um diese Beobachtungen in ihrer Gesammtheit zu bestätigen, aber doch nur mit beschränktem Erfolg. Es ist dies um so räthselhafter, als Schiaparelli ein Instrument von nur bescheidenen Dimensionen anwandte, nämlich ein Fernrohr von 218 Millimeter oder etwa 8 Pariser Zoll freier Oeffnung. Wir haben bereits oben S. 10 die muthmasslichen Gründe erörtert, weshalb dieses verhältnissmässig kleine Instrument für die Beobachtung der Marsoberfläche so geeignet ist.

Die Beobachtungen Schiaparelli's stimmen in Betreff der deutlicheren Formationen gut mit denjenigen anderer Astronomen überein, und Verfasser konnte die Wahrnehmung machen, dass man bei besonders günstiger Luftbeschaffenheit feinere Einzelheiten aufdämmern sieht, deren Existenz durch die Aufzeichnungen Schiaparelli's bestätigt werden. Gewiss ein deutlicher Hinweis auf die Superiorität der Mailänder Wahrnehmungen.

Eine Erscheinung hat bislang noch keine hinreichende Bestätigung gefunden, nämlich die Verdoppelung der feinen Linien (Canäle genannt), welche im Januar und Februar 1882 sich nach den Angaben Schiaparelli's ereignete. Betrachtet man die zu dieser Zeit hergestellte Handzeichnung des genannten Gelehrten, von der eine photographische Copie verbreitet ist, so könnte man versucht sein, in diesen geradlinigen Gebilden die Spuren einer Bauthätigkeit zu erblicken, so wenig entsprechen diese Formen unseren Vorstellungen von natürlicher Entwickelung.

Es wird vortheilhaft sein, von diesen noch der Bestätigung bedürfenden Wahrnehmungen zu abstrahiren und die Beschreibung der Marsoberfläche vorläufig nur so weit auszudehnen, als die Beobachtungen eine

Bestätigung gefunden haben, sei es auch unter Anwendung der grössten existirenden optischen Hülfsmittel.

Verfasser glaubt den Leser nicht besser in das Gebiet der Areographie einführen zu können, als durch die Wiedergabe einer Skizze des Planeten, welche unter

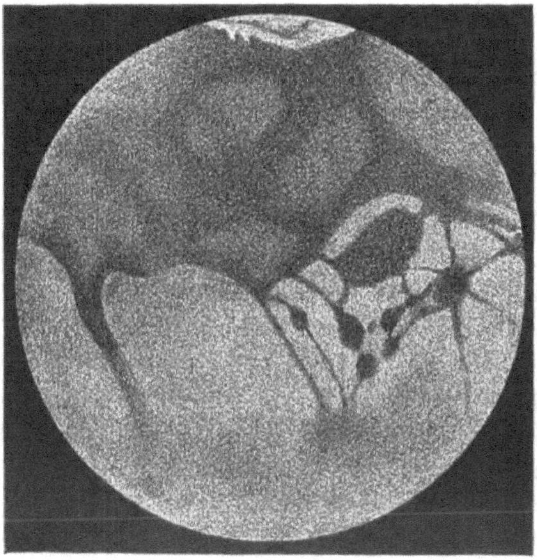

Fig. 11.

Anwendung des 36zölligen Refractors der Lick-Sternwarte hergestellt wurde. Das Original zu dieser Abbildung rührt von Herrn W. T. Hussey her und ist aus Beobachtungen combinirt, welche vom 17. bis 20. August 1892 angestellt wurden. Das Bild ist so aufgenommen, wie es im umkehrenden astronomischen Fernrohr erscheint, also es befindet sich Norden unten, Osten rechts etc. Betrachten wir zunächst den hellen Schneefleck am Südpole des Planeten, so fällt die Einzahnung auf, welche bereits oben S. 157 besprochen wurde. Der ovale, durch fünf kurze Streifen mit den umliegenden Gebilden verbundene dunkle Fleck ist der „Sonnensee“ (Lacus solis) nach Schiaparelli. Es ist dies eine sehr auffallende Formation, die auch mit kleineren Fernrohren schon gut gesehen werden kann. Der Fleck wurde von Beer und Mädler mit dem Buchstaben d bezeichnet, von Proctor Lochyer-See und von Green Terby-See genannt.

Diese älteren Bezeichnungen, welchen zumeist die Namen derjenigen Astronomen zu Grunde lagen, welche sich in irgend einer Weise mit dem Studium des Mars beschäftigt hatten, sind gegenwärtig durch die Nomenclatur von Schiaparelli vollständig verdrängt worden, und wir werden uns daher vornehmlich der letzteren bedienen. Die areographische Länge des Mittelpunktes dieses Solis lacus ist 90°, sein Abstand vom Aequator gegen Süden, also seine areographische Breite — 23°. Dieser Fleck erscheint in Fernrohren mittlerer Grösse zumeist isolirt. Die ihn umgebenden feineren Details werden gewöhnlich nicht gesehen, sie zeigen jedoch eine befriedigende Uebereinstimmung mit den Beobachtungen Schiaparelli's. Es würde ermüden, die Namen aller dieser Formationen hier aufzuführen, und möge dieserhalb auf die Originalkarten von Schiaparelli verwiesen werden. Der auf der Westseite befindliche gewundene gegen Norden sich verlierende dunkle Ausläufer dürfte identisch sein mit dem Ganges, der in den Sinus Aurorae mündet.

Die in dem dunklen Theile der Scheibe sichtbaren hellen rundlichen Flecke (Inseln) sind sowohl von Schiaparelli als auch von anderen Beobachtern gesehen worden.

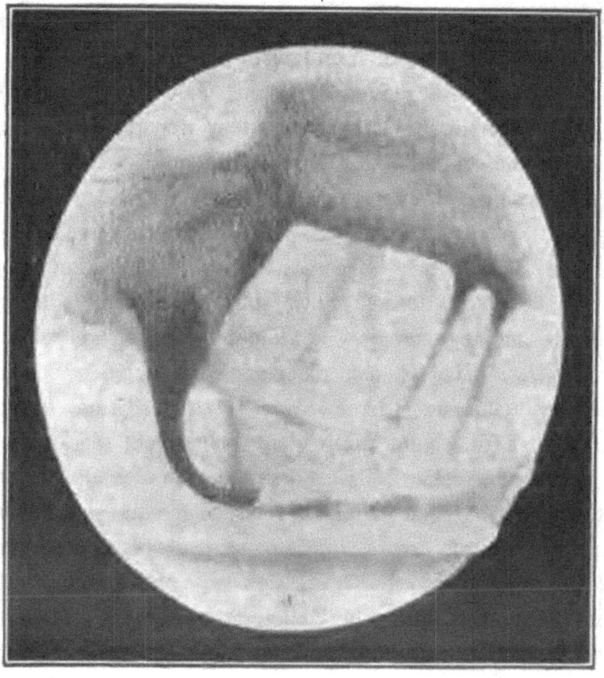

Fig. 12.

Wir wollen nun als Gegenstück eine andere Skizze (Fig. 12) betrachten, die unter anderem eines der auffallendsten Gebilde der Marsoberfläche darstellt. Diese Abbildung ist ebenfalls durch den 36zölligen Refractor der Lick-Sternwarte gewonnen worden und rührt von Herrn J. E. Keeler her.

Sie wurde 1890, am 6. Juli, 9^h 25^m (Californ. Normalzeit) hergestellt. Der auf derselben sehr treffend wiedergegebene trichterförmige Fleck, dessen Spitze sich gegen Osten wendet, ist das früher Kaiser-See genannte, jetzt mit „Syrtis major" bezeichnete Gebilde, dessen Längsaxe in die Nähe des 290. Meridians fällt, sodass der Mittelpunkt der vorliegenden zweiten Abbildung ungefähr 130° areographische Länge von dem der ersten entfernt ist. Diese Formation dürfte selbst mit kleinen Fernröhren schon gesehen werden und ist von allen Beobachtern registrirt worden. Der Fortsatz dieses Flecks gegen Osten hat die Bezeichnung Nilus erhalten. Die Abbildung vom 6. Juli 1890 ist deshalb noch von besonderem Interesse, als sie den angenommenen Nullpunkt der Längenzählung einschliesst. Es ist das die am Ostrande der Scheibe sichtbare Gabelbai, deren Mitte jetzt Fastigium d'Aryn genannt wird. Man kann nicht behaupten, dass dieses in seinen Umrissen so wenig geschlossene Gebilde für den Anfang der Längenzählung besonders günstig gewählt ist, indess es würde kaum rathsam sein die Längenzählung wieder zu verändern, da es wichtig ist die Marskarten älteren und späteren Datums in Uebereinstimmung zu erhalten. Zur Herstellung einer vollständigen Karte der Marsoberfläche gehören eine ganz beträchtliche Anzahl solcher Einzelaufnahmen, wie sie durch die obigen Figuren 11 und 12 repräsentirt werden. Die wechselnde Stellung der Marsaxe gegen die Gesichtslinie bedingt es, dass zuweilen die nördlichen, zuweilen die südlichen Zonen der Marskugel besser zum Vorschein kommen, sodass schon die Beobachtungen mehrerer Oppositionen vereinigt werden müssen, um eine

Mars.

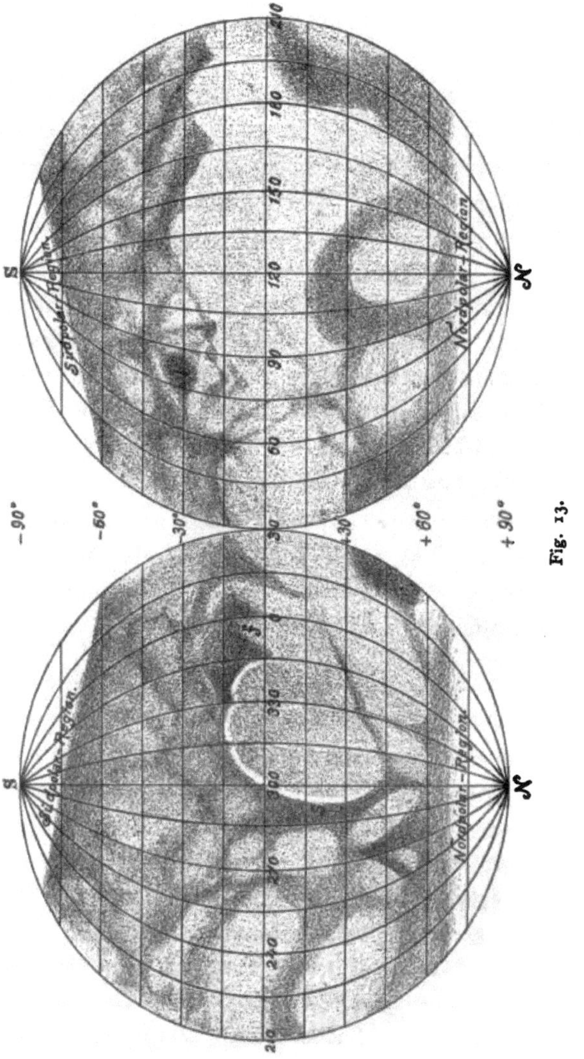
S
Südpolar-Region
Nordpolar-Region
N
S
Südpolar-Region
Nordpolar-Region
N
210
180
150
120
90
60
30
0
330
300
270
240
210
-90°
-60°
-30°
+30
+60°
+90°

Fig. 13.

lückenlose Darstellung der gesammten Marsoberfläche geben zu können.

Die meisten existirenden Marskarten beziehen sich nur auf eine Opposition, sodass sie entweder die Aequatorial-Gegenden oder eine der beiden Hemisphären besonders reichhaltig darstellen. Die Combination dieser Karten zu einem Gesammtbilde ist nicht ganz leicht, da ein und dasselbe Object unter verschiedenen Projectionen in wechselnden Umrissen gesehen wird, auch scheint die Ursache scheinbarer Formveränderung der Flecke in atmosphärischen Trübungen zu suchen zu sein, von deren Einfluss sich der Beobachter natürlich nicht freimachen kann. Es kommt hierzu noch die abweichende Auffassung der Beobachter und die Benutzung verschiedener Instrumente.

Verfasser hat versucht in den umstehenden beiden Planigloben (Fig. 13) eine Darstellung der Marsoberfläche zu geben, die nur das Hauptsächliche der modernen Beobachtungen in sich vereinigt.

Die Monde des Mars.

Wie bereits angeführt, wurden dieselben erst in der Neuzeit entdeckt, und kann der Leser daraus entnehmen, wie winzig diese Körper sein müssen, dass sie sich so lange der Beobachtung entziehen konnten. Es dürfte von Interesse sein, hier einiges über die Geschichte dieser Entdeckung anzuführen, da sie einestheils das Bestreben rechtfertigt die Dimensionen der Fernrohre, soweit die technischen Leistungen es zulassen, zu vergrössern, anderntheils enthält diese Geschichte eine Mahnung an die Astronomen, das Suchen nach Verborgenem nicht zu unterlassen. Die Auffindung eines neuen Objectes am Himmel wiegt schon eine ganz beträchtliche Arbeit auf, die sich auf bereits Bekanntes erstreckt.

Während der günstigen Opposition von 1830 suchte Mädler mit einem $3^3/_4$zölligen Fernrohr vergeblich nach einem Marssatelliten und kam zu dem Schlusse, dass wenn ein solcher Satellit existire und das Licht in gleicher Weise reflectire als die Marsoberfläche, so könne der Durchmesser 20 Meilen nicht überschreiten.

D'Arrest beobachtete 1864, aber wieder erfolglos. Er rechnete aus, dass es bei der geringen Masse des Mars nutzlos sei, in einer grösseren Entfernung als 70 Bogenminuten vom Mars einen Satelliten zu suchen. Der Misserfolg einen Mond zu finden beruhe möglicher Weise darauf, dass ein solcher naturgemäss sehr nahe am Hauptkörper stehen müsse und dann in dem glänzenden Lichte desselben auslösche.

Bauend auf die optische Kraft des 26zölligen Clark-Refractors der Sternwarte zu Washington unternahm es Professor Hall, nach einem Satelliten zu suchen. Er begann die Beobachtungen Anfang August 1877, in welchem Jahre der Mars der Erde sehr nahe stand. Schwache Objecte, welche in einiger Entfernung von Mars bemerkt wurden, erwiesen sich bald als Fixsterne. Am 10. August untersuchte Hall die nächste Umgebung des Planeten, welche innerhalb des Glanzes lag, den die Marsscheibe um sich verbreitete. Es wurde hierbei der Planet ausserhalb des Gesichtsfeldes gehalten. Die Luftbeschaffenheit war ungünstig und es wurde Nichts entdeckt, wie später festgestellt werden konnte hauptsächlich aus dem Grunde, weil die Monde in ihrer Bahn sehr dicht an die Scheibe gekommen waren. Am 11. August wurde die Untersuchung in derselben Weise wieder aufgenommen, und gegen $^1/_2 3$ Uhr früh bemerkte Hall ein schwaches Sternchen und hatte damit den äusseren Satelliten des Mars (Deimos) entdeckt. Es war kaum gelungen die Lage des Mondes gegen den Centralkörper festzustellen, als Nebel von dem Potomac-Fluss aufstieg. Bis zum 15. August verhinderte schlechtes Wetter jede weitere Beobachtung und obgleich gegen 11 Uhr nach dem Monde gesucht wurde, konnte er nicht gefunden werden. Am 16. August konnte das schwache Object wieder gesehen werden und die Beobachtungen dieser Nacht bewiesen, dass das betreffende Sternchen sich mit Mars bewegte, also ein Mond war. Am 17. August, als Professor Hall den erstgefundenen Mond verfolgte, bemerkte er noch einen zweiten (Phobos) und konnte bei einer Distanz von 31″ Messungen an demselben anstellen.

Nachdem die letzten Zweifel über die Satelliten-Natur dieser Objecte beseitigt waren, erfolgte die Bekanntmachung der wichtigen Entdeckung.

Der innere Mond war dem Entdecker anfänglich ein Räthsel. Er erschien in ein und derselben Nacht an verschiedenen Seiten des Planeten, so dass es den Eindruck hervorrief, als seien 2 oder 3 innere Monde vorhanden. Dass ein Satellit in einer geringeren Zeit den Planeten umkreisen könne, als dieser Zeit brauche sich einmal um seine Axe zu drehen, hielt A. Hall damals für sehr unwahrscheinlich. Fortgesetzte Ueberwachung des inneren Satelliten während der Nächte des 20. und 21. August ergaben aber mit Bestimmtheit, dass der innere Mond sich in weniger als $^1/_3$ der Zeit um Mars bewegte, als dessen Rotationszeit beträgt. Ein Fall, der im ganzen Sonnensystem einzig dasteht.

Es wurden durch fortgesetzte Beobachtungen der Monde folgende Umlaufszeiten gefunden:

Phobos $7^h\ 39^m\ 13^s.94 \pm 0^s.014$
Deimos $30^h\ 17^m\ 54^s.38 \pm 0^s.095$.

Nachdem die Positionen dieser kleinen Körper für jede Zeit angegeben werden konnten, sind dieselben auch anderwärts mehrfach beobachtet worden und zwar mit geringeren optischen Hülfsmitteln, als zu ihrer Auffindung verwendet wurden.

Die Bahnen der Marssatelliten sind ebenfalls von A. Hall berechnet worden und es möge das Resultat dieser Berechnung hier Platz finden, um einen Vergleich zwischen der Lage der Aequatorial-Ebene des Mars und den Mondbahnen zu ermöglichen.

	1880.	
	N	I
Phobos	47°.24	36°.78
Deimos	48°.11	35°.64
Aequator des Mars	48°.13	36°.38.

N bedeutet wie üblich den aufsteigenden Knoten und I die Neigung der betreffenden Ebenen, und zwar bezogen auf den Erdäquator und die Lage des Frühlingspunktes von 1880.

Ein Vergleich dieser Zahlen ergiebt das nahe Zusammenfallen der Mondbahnen mit der Aequatorialebene*) des Mars, wie es auch bei anderen Planeten, z. B. Jupiter, vorkommt, wo die genaue Lage des Aequators aus den Mondbahnen sicherer abgeleitet wird, als es durch Messungen der den Parallelkreisen gleichlaufenden Streifen des Planeten möglich sein würde.

MERCUR.

Dieser kleinste der Hauptplaneten steht der Sonne so nahe, dass eine erfolgreiche Beobachtung ausserordentlich erschwert ist. Wenn er hoch am Himmel steht, so ist dies mit der Sonne auch der Fall, und erhellen die Strahlen der letzteren den Himmelsgrund so stark, dass Mercur nicht wahrgenommen werden kann. Die Beobachtung dieses Objectes muss sich daher, sofern wir von den Vorübergängen vor der Sonnenscheibe absehen, auf die Morgen- und Abenddämmerung beschränken. Der Planet erhebt sich dann nur wenig über den Horizont, wo selten gute Bilder entstehen.

Diese störenden Einflüsse wirken natürlich auch auf die Genauigkeit der Durchmesserbestimmungen des Planeten ein. F. Kaiser fand mit Anwendung des Doppelbild-Mikrometers für die Entfernung Eins den Werth:

$$6''.61.$$

*) Der Zusammenhang zwischen der Lage der Marsaxe und dem Aequator des Planeten erhellt aus einer einfachen Rechnung. Addirt man 270° zu N, so entsteht die AR, und wird I von 90° abgezogen, so erhält man die Declination der Marsaxe.

Gelegentlich der Vorübergänge vor der Sonnenscheibe wurden vielfach kleinere Beträge für den Durchmesser gefunden, jedoch zeigen auch diese Bestimmungen so beträchtliche Abweichungen, dass nicht mit Sicherheit auf ähnliche Verhältnisse wie bei Venus geschlossen werden kann. Die Masse dieses Planeten verhält sich zur Sonnenmasse wie

$$1 : (8374672 \pm 1765762).$$

Der wahrscheinliche Fehler dieses Resultates ist auch ein ungemein grosser und beträgt über ein Fünftel der Masse.

Die Dichte berechnet sich auf dieser schwankenden Grundlage zu 4.11 oder zu $^3/_4$ der Erddichte. Es würde hiernach die Annahme einer dichten atmosphärischen Hülle wie bei Venus nicht ausgeschlossen sein, aber die Unsicherheit der Durchmesser- und Massenbestimmung lässt die andere Ansicht zur Geltung kommen, wonach Mercur die grösste Aehnlichkeit mit dem Erdmond hat, also seine massive Oberfläche darbietet. Es beruht diese Anschauung auf photometrischen Untersuchungen.

Auf der Oberfläche des Planeten haben bisher die Mehrzahl der Beobachter keine Einzelheiten erkennen können, deren Bewegung auf die Lage der Rotationsaxe des Mercur und die Länge seines Tages einen Schluss zu machen gestattete.

Schiaparelli folgert aus seinen Beobachtungen, dass Mercur, wie Venus, der Sonne stets dasselbe Gesicht zuwende, also während eines Umlaufes einmal um seine Axe rotire.

Trouvelot hat rücksichtlich der Phasen ähnliche Wahrnehmungen wie bei Venus gemacht. Die Zweitheilung der Scheibe correspondirte bei östlicher Elongation bezüglich ihres Eintrittes nicht mit der Rechnung, was auf das Vorhandensein einer Atmosphäre schliessen lassen würde.

Die Vorübergänge des Mercur vor der Sonnenscheibe finden viel öfter statt als die Venusvorübergänge, nämlich 13 innerhalb 100 Jahren. Die Beobachtung derselben bietet auch insofern physikalisches Interesse, als es zu untersuchen wichtig ist, wie sich der Planet im Vergleich zu Venus verhält. Es wäre zu wünschen, dass die grössten Instrumente hierbei zur Anwendung kämen.

Ein Begleiter ist bei Mercur bislang noch nicht gesehen worden, eben so wie es nicht gelungen ist noch einen Körper zwischen Sonne und Mercur, einen intermercuriellen Planeten, zu entdecken, obgleich die theoretische Astronomie die Anwesenheit eines solchen als wahrscheinlich hingestellt hat. Als Hülfsmittel dieses Nachweises könnten wohl die jetzt an verschiedenen Punkten der Erdoberfläche regelmässig aufgenommenen Sonnenphotographien dienen, weil sich auf diesen die häufig auftretenden Vorübergänge dieses intermercuriellen Planeten abbilden würden, aber es ist bis jetzt noch nie gelungen, auf diesen Photographien etwas zu entdecken, was einer Planetenscheibe ähnlich sähe.

DIE KLEINEN PLANETEN.

Vergleicht man die Abstände der vorstehend beschriebenen acht grossen Planeten von der Sonne mit einander (siehe S. 183), so fällt eine Lücke auf, welche zwischen Mars und Jupiter besteht. Es gab dies im Anfange des Jahrhunderts Veranlassung, nach einem noch unbekannten Planeten zu suchen, und wurde auch bald (1801) einer gefunden, der an Grösse freilich ausserordentlich hinter den Dimensionen der bekannten Planeten zurückstand. Er erhielt den Namen „Ceres". Es folgte sodann die Entdeckung noch drei anderer ebenfalls kleiner Körper in der erwähnten Zone, Pallas (1802), Juno (1804), Vesta (1807). Nach einer Pause von 38 Jahren begann die Auffindung kleiner Planeten von Neuem und ist bis in die jüngste Zeit kein Jahr vergangen, in dem nicht neue kleine Planeten aufgefunden worden wären, so dass die Anzahl derselben bereits auf 380 gestiegen ist.

Früher wurden selbst mit kleineren Instrumenten Planeten entdeckt, es existiren aber viele, die zu ihrer Auffindung entweder grosse Instrumente oder die Anwendung der photographischen Registrirung erfordern. Diese letztgenannte Methode hat sich als sehr erfolgreich erwiesen, es wurden im Jahre 1893 von 26 kleinen Planeten allein 25 auf photographischem Wege gefunden. Die photographische Trockenplatte besitzt die Eigenschaft, schwache Lichteindrücke durch hinreichend lange Belichtung zu summiren und dann dem Auge bequem sichtbar zu machen. Es genügen hierzu verhältnissmässig kleine Objective, wenn sie nur die chemisch wirksamen Strahlen gut vereinigen und lichtstark sind.

Die Gegend des Himmels, in der man einen kleinen Planeten zu finden hofft, wird photographisch abgebildet, während ein Uhrwerk der Axendrehung der Erde entgegen wirkt. Corrigirt man hierbei mit Hülfe eines Suchers die kleinen Schwankungen, welche durch Unregelmässigkeiten des Uhrganges, Strahlenbrechung in der Erdatmosphäre etc. entstehen, so erhält man ein Stück Himmelskarte, auf dem die Sterne als scharfbegrenzte Scheibchen erscheinen, deren Durchmesser je nach der Lichtstärke variirt. Ist unter diesen Sternen ein Planet, so hat er während der langen Exposition seinen Ort auf der Platte verändert, erscheint im Bilde in die Länge gezogen und macht sich auf diese Weise als ein Körper mit eigener Bewegung kenntlich.

Die zahlreichen kleinen Planeten haben den Astronomen viel Arbeit verursacht durch Feststellung ihrer Bahnen*) und Ueberwachung ihrer Bewegung, und es ist wohl die Frage entstanden, ob das Interesse an diesen Körperchen

---

*) Bei einem Interesse für die Bahnen der kleinen Planeten (Asteroiden) ist es vortheilhaft, sich eine graphische Darstellung anzufertigen. A. Marth giebt hierzu im 45. Bande der „Monthly Notices", S. 348 Anleitung und die nöthigen Daten für 150 kleine Planeten. Das Princip dieser Darstellungsmethode ist sehr einfach. Da die Sonne den Brennpunkt aller Bahnen bildet, so wird diejenige Ebene, welche das Sonnencentrum einschliesst und senkrecht auf der Ekliptik steht, alle Bahnen durchschneiden. Man denke sich diese Ebene rotirend und zeichne die Linien auf, welche der jeweilige Durchschnittspunkt der betreffenden Bahn auf der Ebene beschreibt. Man erhält so eine Darstellung, an der man die hauptsächlichen Eigenschaften der Bahnen und ihre gegenseitigen Beziehungen, insbesondere ihre grössten Annäherungen (Proximitäten), erkennen kann.

zwischen Mars und Jupiter, die vielleicht früher in einer einzigen Masse vereinigt waren, gross genug ist, um so viel Mühe und Arbeit darauf zu verwenden. Indess die Wissenschaft kann sich von derartigen Voraussetzungen nicht leiten lassen, da die Verfolgung unscheinbarer Dinge oft zu wichtigen Entdeckungen geführt hat.

Die physikalische Untersuchung der kleinen Planeten hat bei der Kleinheit dieser Körper nicht viel zu Tage gefördert, und beschränkt sich wohl zumeist auf die photometrische Untersuchung des reflectirten Sonnenlichtes, woraus unter gewissen Voraussetzungen angenäherte Werthe der Dimensionen berechnet werden können. Die auf diesem Wege gefundenen Durchmesser einer Anzahl kleiner Planeten, darunter die grössten, liegen zwischen den Grenzen von 50 bis 500 Kilometern, wobei 50 Kilometer natürlich noch nicht als untere Grenze gelten kann, denn die lichtschwächsten haben jedenfalls noch kleinere Dimensionen. Die Erde mit ihrem 12713 Kilometer betragenden Polardurchmesser muss diesen Planetoiden gegenüber als ein Koloss erscheinen. Trotzdem würde ein Zusammenstoss mit einer 50 Kilometer grossen Kugel ungeheuere Verwüstungen auf der Erde anrichten.

DIE METEORITEN.

Es werden im Sonnensysteme noch kleinere Bruchstücke, als die soeben besprochenen Asteroïden wahrgenommen, Körper, die je nach ihrer Erscheinungsweise Meteorsteine, Feuerkugeln, Sternschnuppen und Kometen genannt werden und die wir deshalb unter der Gesammtüberschrift „Meteoriten“ besprechen wollen, weil die neueren Forschungen es sehr wahrscheinlich machen, dass sie in naher Beziehung zu einander stehen.

Man hält zwar einen Theil der Meteore, wegen der grossen Geschwindigkeit ihrer Bewegung, für fremde, nicht im Sonnensystem gebildete Körper, die von aussen her zufliegen, aber die Mehrzahl bewegt sich in geschlossenen Bahnen um die Sonne, so dass wir nicht mehr unterscheiden können, ob sie stellaren oder planetarischen Ursprungs sind. Hierin möge die Berechtigung zu einer einheitlichen Behandlung der erwähnten Erscheinungen gefunden werden.

Kommt ein Meteor der Erde zu nahe, so dass es durch die Anziehungskraft verhindert wird, seine Bahn weiter zu verfolgen, so fällt es als glühender Stein zur Erde. Die Natur führt uns in einem Meteorsteinfall das Beispiel des Zusammenstosses zweier Weltkörper vor, wennschon in einem so kleinen Massstabe, dass nur ein verhältnissmässig geringer Schaden entsteht. Immerhin lehrt dieses Beispiel, dass Zusammenstösse nicht zu den Unmöglichkeiten gehören, und schon unter der Voraussetzung, dass die Erde einmal mitten in einen Schwarm solcher Meteoriten geriethe, würde die Verwüstung keine geringe sein. Glücklicher Weise scheinen die Abstände zwischen den einzelnen zu einem Schwarm vereinigten Körper immer noch ziemlich beträchtlich zu sein, denn wir sehen zwar eine grosse Anzahl derselben nach einander die Erdatmosphäre passiren, aber nur wenige wirklich niederfallen.

Der Durchgang durch die Atmosphäre macht sich dadurch bemerklich, dass das Meteor aufleuchtet und zwar zuweilen mit so intensivem Lichte, dass alle Sterne überstrahlt werden. Dieses Aufleuchten beruht auf der Umwandlung von mechanischer Kraft in Wärme und Licht. Die im luftleeren kalten Weltraume mit kosmischer Geschwindigkeit dahineilenden dunklen Körper werden glühend, sobald sich ihnen ein Hemmniss, der Widerstand der atmosphärischen Luft, darbietet. Ein Theil der Geschwindigkeit wird eingebüsst und verwandelt sich in Wärme und Licht. Da eine solche Erscheinung bei einer fliegenden Kanonenkugel nicht bemerkt wird, so kann man daraus ermessen, wie hohe Geschwindigkeiten die Meteore besitzen.

In den zur Erde gelangten Meteoren sind nur solche Elementarkörper durch die chemische Analyse nachgewiesen worden, welche auch auf der Erde zu finden sind. Ein neuer Stoff ist hierbei nicht aufgefunden worden und spricht auch diese Thatsache für die Einheitlichkeit des kosmischen Baustoffes.

Mit Rücksicht auf obige Betrachtungen über die Atmosphären der Planeten ist es von Interesse zu constatiren, dass selbst diese kleinen Himmelskörper, die Meteore, gasförmige Körper mit sich führen, und konnte besonders Kohlenwasserstoff nachgewiesen werden.

Das Vorhandensein der Meteore ist ein Beleg dafür, dass innerhalb des Bereiches der Sonne planetarische Körper aller Dimensionen vorkommen, von den grössten bis zu den kleinsten, und es hindert uns nichts anzunehmen, dass die Meteore noch nicht die untere Grenze bilden, sondern dass noch feiner zertheilte Massen (kosmischer Staub) vorhanden sind. Es spricht hierfür eine Beobachtung von Nordenskiöld, der in unbewohnten Nordpolargegenden merkliche Quantitäten Eisenpulver im Schnee nachwies, woraus gefolgert werden darf, dass ein feiner Staub dieses weitverbreiteten Stoffes fortwährend zur Erde fällt (siehe oben S. 124). Man dürfte wohl berechtigt sein noch einen Schritt weiter zu gehen und anzunehmen, dass, wenn feste Körper in Pulverform sich im Weltenraume vorfinden, auch gasförmige Körper nicht ganz fehlen, und dass die Luftleere des Weltenraumes nicht ganz absolut zu verstehen sein würde, wenigstens innerhalb des Bereiches der Sonne und in grösserer Nähe an letzterer.

Was die Vertheilung der Meteore im Raume anbelangt, so war bereits erwähnt worden, dass ein Theil derselben (die Sternschnuppen) auch in Schwärmen beobachtet wird, die sich in regelmässigen Bahnen um die Sonne bewegen, und in Folge dessen jedes Jahr um dieselbe Zeit beobachtet werden können. Es sind hier besonders die Perseïden und Leoniden zu erwähnen, von denen die Ersteren in der Nähe des 10. August, die Letzteren um den 13. November erscheinen und die schon seit vielen Jahrhunderten beobachtet worden sind. Die Bezeichnung nach Sternbildern rührt daher, dass die Meteore aus dem Sternbilde des Perseus resp. des Löwen zu kommen scheinen. Ihre leuchtenden

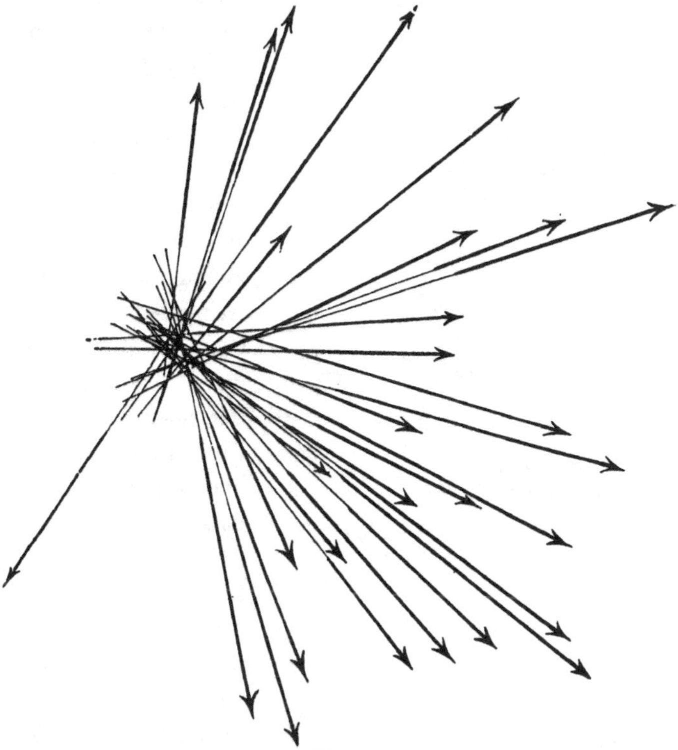

Fig. 14.

Bahnen, rückwärts verlängert, concentriren sich an einer Stelle, die der Radiationspunkt genannt wird, und deren Lage am Himmel ein Element für die Bahnbestimmung des Schwarmes bildet (siehe Fig. 14).

Nach den angestellten Berechnungen bewegen sich die Perseïden in einer Ebene, die sehr stark gegen die Ekliptik geneigt ist, und zwar müssen wir annehmen, dass die einzelnen Körper über den ganzen Umfang dieser Bahn vertheilt sind und einen Ring um die Sonne bilden, da die Perseïden alle Jahre in nahezu gleicher Häufigkeit beobachtet werden. Figur 15 lässt erkennen, wie die Bahnebene der Perseïden gegen die Erdbahn gelegen ist, und wie es kommt, dass das Auftreten so vieler Sternschnuppen in den August fällt. Aus den angebrachten Pfeilen ist zu entnehmen, dass die Bewegung der Perseïden der allgemeinen planetarischen Bewegung entgegengesetzt erfolgt, dass sie rückläufig ist.

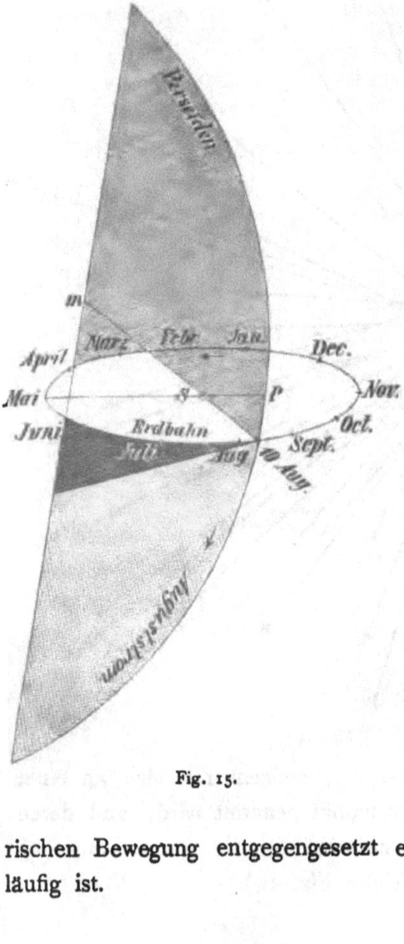

Fig. 15.

Die Leoniden haben eine weniger geneigte Bahn, auch ist die Vertheilung der Körper nicht so gleichmässig, denn in gewissen Jahren wird eine besonders glänzende Entfaltung dieser Erscheinung beobachtet, wobei bis zu 100 Sternschnuppen in der Minute gezählt werden. Ein solcher Sternschnuppenregen findet etwa alle 33 Jahre statt, woraus sich ergiebt, dass die einzelnen Bestandtheile des Novemberschwarmes eine solche Zeit brauchen, um die ihnen vorgeschriebene Bahn zu durchlaufen, und dass in dieser Bahn an einer Stelle eine Anhäufung von Meteoren besteht, während an anderen Stellen der Bahn sich nur vereinzelte Nachzügler finden.

Vergegenwärtigen wir uns den Anblick einer derartigen Anhäufung von Meteoren, die jedenfalls auch gasförmige Körper mit sich führen, aus grösserer Entfernung, so wird ein ähnlicher nebelhafter Eindruck entstehen, wie wir ihn bei Kometen beobachten.

Die Annahme eines Zusammenhanges zwischen beiden Erscheinungen stützt sich aber nicht nur auf derartige Aeusserlichkeiten, sondern wird durch neuere Forschungen beinahe zur Gewissheit erhoben. Die Bahnen beobachteter Kometen haben eine merkwürdige Uebereinstimmung mit den Bahnen von Sternschnuppenschwärmen ergeben, auch ist mit Hülfe des Spectroskops in den Kometen die Gegenwart von Kohlenwasserstoff nachgewiesen worden, einer chemischen Verbindung, die, wie bereits erwähnt, auch in Meteorsteinen eingeschlossen gefunden wurde.

Alle Anzeichen sprechen dafür, dass zwischen Kometen und Meteorschwärmen hinsichtlich der Constitution wesentliche Unterschiede nicht bestehen, es ist aber eine interessante

Aufgabe der Wissenschaft, diesen Beziehungen noch weiter nachzuforschen und allmählich grösseres Licht zu verbreiten. —

Wir schliessen hiermit die Betrachtungen der Körper, welche innerhalb des Bereiches der Sonne beobachtet werden, in der Erwartung, dass es gelungen sein möge, ein anschauliches Bild in einheitlicher Ausführung zu geben, und mit dem Wunsche, dass das vorliegende Buch Anregung für ein eingehenderes Studium, besonders in praktischer Beziehung, bieten möge.

Bahnen der grossen Planeten, bezogen auf die Erdbahn.

1850.0	a	e	π	N	I	T	
			°	°	°	Jahre	Tage
Mercur	0.3871	0.2056	75.1206	46.5525	7.0022		87.97
Venus	0.7233	0.0068	129.4542	75.3311	3.3931		224.70
Erde	1.0000	0.0168	100.3561	0.0000	0.0000	1	0.01
Mars	1.5237	0.0933	333.2983	48.3981	1.8506	1	321.73
Jupiter	5.2027	0.0483	11.9161	98.9381	1.3114	11	314.84
Saturn	9.5389	0.0561	90.1106	112.3481	2.4944	29	166.99
Uranus	19.1833	0.0463	170.8353	73.2317	0.7722	84	7.39
Neptun	30.0551	0.0090	45.9953	130.1069	1.7839	164	280.11

a = Mittlere Entfernung von der Sonne. e = Excentricität. π = Länge des Perihels (Sonnennähe). N = Aufsteigender Knoten. I = Neigung. T = Umlaufszeit.

Bahnen der Monde.

		a	N	I	T
			°	°	d
Mars	Phobos	2.771	82.96	26.29	0.3189
	Deimos	6.921	85.57	25.79	1.2625
Jupiter	V	2.56			0.4981
	I	5.933	335.75	2.13	1.7691
	II	9.439	336.92	1.65	3.5512
	III	15.057	341.51	2.00	7.1546
	IV	26.486	344.98	1.95	16.6890
Saturn	Mimas	3.10	165.00	27.60	0.9424
	Euceladus	3.98	167.94	28.12	1.3702
	Thetis	4.93	166.12	28.67	1.8878
	Dione	6.31	167.67	27.98	2.7369
	Rhea	8.83	167.75	28.37	4.5175
	Titan	20.45	167.80	27.47	15.9454
	Hyperion	25.07	168.17	27.08	21.2774
	Japetus	59.58	142.67	18.53	79.3294
Uranus	Ariel	7.72	167.33	97.97	2.5204
	Umbriel	10.76	164.10	98.35	4.1442
	Titania	17.65	165.53	97.78	8.7059
	Oberon	23.60	165.28	97.90	13.4633
Neptunsmond		14.54	184.5	145	5.8769
Erdmond		60.27	146.23	5.15	27.3216

In vorstehender Tabelle sind die Entfernungen a vom Centralkörper in Aequatorial-Halbmessern des letzteren ausgedrückt. N, I und T haben dieselbe Bedeutung wie in der Tabelle S. 183, N und I beziehen sich auf die Ekliptik, T ist in Tagen und Decimaltheilen derselben ausgedrückt.

Sach- und Namenregister.

*) Oben S. 93 nicht berechnet.

FSC
www.fsc.org
MIX
Papier | Fördert
gute Waldnutzung
FSC® C083411

Kolibri 360 GmbH
Ferdinand-Jühlke-Straße 7
99095 Erfurt, Deutschland
produktsicherheit@kolibri360.de